AF402731

MADRAS
DAI-BOUTZ
RÉCITS DE VOYAGES
PAR
Ernest Lehr
IIIe Série
S DU CH...
BERGER-LEVRAULT & Cie
PARIS & STRASBOURG

# SCÈNES DE MŒURS

ET

# RÉCITS DE VOYAGE

### DANS LES CINQ PARTIES DU MONDE

STRASBOURG, IMPRIMERIE BERGER-LEVRAULT ET Cie.

III, p. 283.

LA TÊTE DE L'ENNEMI.

# SCÈNES DE MŒURS

## ET

# RÉCITS DE VOYAGE

### DANS

## LES CINQ PARTIES DU MONDE

PAR

### ERNEST LEHR

#### TROISIÈME SÉRIE

AVEC 12 DESSINS COMPOSÉS PAR E. ENSFELDER

## PARIS

### BERGER-LEVRAULT ET Cⁱᵉ, LIBRAIRES-ÉDITEURS

RUE DES BEAUX-ARTS, 5

MÊME MAISON A NANCY ET A STRASBOURG

1872

# EUROPE.

# EUROPE.

---

## I.

### Les Rues de Londres[1].

En général, lorsqu'on arrive à Paris, de la campagne ou d'une ville de province, ce qui frappe le plus, c'est le bruit et le mouvement des rues, ces innombrables passants affairés, ce roulement non interrompu des voitures dans toutes les voies un peu centrales. Un jour que je communiquais à un ami mes impressions à ce sujet, il me répondit : «Vous

---

1. D'après les souvenirs personnels de l'auteur et la relation de F. W. Hacklænder, *Tagebuch-Blätter*, t. II, Stuttgart, 1861.

trouvez nos rues très-animées ? Je voudrais vous voir à Londres pendant la *saison;* vous m'en diriez des nouvelles : pour le mouvement Paris n'est, à côté de Londres, qu'une ville de province, une espèce de Versailles comparé à Paris. » Je me contentai de sourire, car je prenais cette boutade pour un paradoxe, et nous parlâmes d'autre chose. Mais elle me revint en mémoire lorsque, quelques années après, l'Exposition universelle m'attira dans la capitale de l'Angleterre, au milieu de juin, et me mit aux prises avec cette agitation fiévreuse qui caractérise quelques-unes des grandes rues de Londres.

Pour se rendre complétement compte de ce qu'est le mouvement des rues dans la métropole des îles Britanniques, il faut passer de la rive droite de la Tamise dans la Cité, par le pont de Londres ou le pont de Black-friars, et parcourir les grandes artères de la ville : *Fleet-street,* le *Strand* et *Piccadilly.* Ce sont des rues assez larges, bien moins larges cependant que les boulevards de Paris, et surtout moins tirées au cordeau ; les maisons sont moins hautes; elles n'ont guère plus de trois ou quatre étages, et elles n'affichent pas les prétentions monumentales des hôtels monotones et symétriques dont on a bordé les nouvelles voies de Paris; ce sont d'honnêtes petites maisons bourgeoises, bâties en briques, et comportant rarement plus de trois ou quatre fenêtres de façade. L'Anglais aime à être chez lui dans sa maison, et il l'habite le plus souvent tout seul; quand une société de spéculateurs s'est entendue pour bâtir des maisons sur un terrain bien situé, elle fait souvent construire un vaste édifice à façade monumentale; mais ce n'est pas, comme chez nous, par étages ou par demi-étages que l'immeuble se louera: c'est, si je puis ainsi dire, par tranches de deux ou trois fenêtres de large sur toute la hauteur, formant en réalité autant de maisons distinctes et complètes, et n'ayant de commun qu'une façade conçue sur un plan d'ensemble. L'inconvénient de ce système, au point de vue du coup d'œil, c'est que, chaque portion de l'édifice ayant sa porte d'entrée spéciale et

son péristyle, l'harmonie de l'ensemble est
gravement altérée ; le rez-de-chaussée est
masqué par quinze ou vingt perrons, surmon-
tés d'autant de petits balcons portés par des
colonnes. Puis, chaque propriétaire est libre
de faire badigeonner sa tranche comme il
l'entend ; de sorte qu'un beau fronton grec se
trouve parfois peint en rose sur la moitié de
gauche et en vert sur celle de droite. Dans
la Cité, les maisons ont rarement même ce
semblant de majesté ; elles sont, comme je le
disais, d'apparence bourgeoise, et leur teinte
noirâtre achève de leur ôter toute élégance ;
elles portent la livrée londonienne. Il est littéralement vrai qu'un épais nuage gris repose
à peu près perpétuellement sur les toits de la
ville. Quand on regarde depuis le pont de
Blackfriars, par exemple, les deux bords de
la Tamise, le temps a beau être serein, on
voit à quelques cents pas de soi une fine
poussière grise suspendue sur le fleuve et sur
les rangées de maisons ; tous les objets un
peu éloignés en sont comme voilés, et à une
distance plus grande, le regard est compléte-

ment borné par un brouillard impénétrable.
Il m'est arrivé de faire, par un temps aussi
beau que possible, l'ascension du dôme de
Saint-Paul et de ne rien distinguer nettement
à plus d'un demi-kilomètre à la ronde; l'horizon était noyé de toute part dans une épaisse
brume grise, ou, pour mieux dire, dans la
poussière de charbon; car, en somme, ce
n'est pas le ciel qui est naturellement inclé-
ment à Londres, ce sont d'innombrables che-
minées qui, en vomissant du matin au soir
une épaisse fumée de houille, le mettent ainsi
en deuil.

Je n'oserais pas dire, comme l'affirmait un
plaisant, que la pluie s'assimile les innombrables molécules de charbon disséminées dans
l'atmosphère, au point de tomber à Londres
sous forme d'encre; mais il est certain que,
même par le beau temps, il est bien difficile de
conserver sur soi du linge blanc dans l'air de
Londres. On a beau être sorti de chez soi
habillé de frais; au bout de deux heures de
promenade, on sent son col et son visage
couverts d'une fine poussière noire que l'hu-

midité délaye aisément en une sorte d'enduit ; pour peu qu'on tienne à une tenue soignée, on est obligé de changer de linge trois fois plus que partout ailleurs. Les monuments et les maisons, dont on ne peut pas faire ainsi chaque jour la toilette, sont tous teints, à Londres, en gris ou en noir, au bout de très-peu d'années.

Les grandes rues de la Cité sont garnies d'un bout à l'autre de magasins élégants, devant lesquels on se laisserait volontiers aller à la flanerie. Mais le flot pressé des passants ne permet guère ici cette innocente distraction ; on essayerait de lui faire obstacle en se campant au milieu d'un trottoir ou devant une devanture, qu'on serait en un clin d'œil bousculé ou entraîné. Promeneurs, gens d'affaires, spéculateurs de tout âge et de tout sexe, personne ici ne circule avec la placidité qui est de mise sur les boulevards de Paris ou ne stationne devant les curiosités des étalages. Chacun court à son but, sans s'arrêter, sans regarder ni à droite ni à gauche, l'œil fixé en avant pour mesurer par où, dans

la masse compacte des passants, il pourra se
faufiler le plus lestement. On ne marche pas sur
les trottoirs de Londres; on court. Le plus souvent, en effet, il ne s'agit guère que d'un court
trajet: ou d'une maison à la maison voisine,
ou d'une rue à l'autre, ou bien en quête d'un
omnibus ou d'un cab. Faire à pied les courses
plus lointaines ne viendrait pas à l'esprit d'un
Anglais: *time is money,* le temps est de l'argent, et il en gagne en prenant, soit un cab,
soit un omnibus.

Le mouvement qu'on remarque sur les
trottoirs ne règne pas à un moindre degré
sur la chaussée elle-même. Il n'est pas rare
de la trouver envahie par une quadruple file de
voitures, allant au pas ou au trot, selon que
la place le leur permet, et souvent complète-
ment arrêtées par l'encombrement des véhicules au croisement d'autres rues fréquentées.
Je me souviens d'avoir passé une fois vingt
minutes sur l'impériale d'un omnibus, aux environs de London Bridge, au milieu de quatre files de voitures qui ne parvenaient à s'é-
branler dans aucun des deux sens. Et pour-

tant il faut rendre aux voitures anglaises, même aux voitures de place, la justice qu'elles sont mieux attelées que partout ailleurs et magistralement conduites : un cocher anglais passera dans n'importe quelle bagarre sans accrocher ni à droite ni à gauche, pourvu qu'on lui laisse strictement la place de ses roues. L'élément fondamental des interminables files de véhicules qui sillonnent la Cité sont de grands et lourds omnibus, moins élégants que ceux de Paris, mais contenant à peu près le même nombre de personnes : douze à l'intérieur, généralement des dames, et douze hommes sur l'impériale. Le cocher a le plus souvent l'air d'un vieux *gentleman* un peu besoigneux. Il est coiffé, comme tous les Londoniens qui se respectent, d'un chapeau noir, qu'il relègue volontiers sur le sommet du crâne. Son visage, digne, sérieux, légèrement coloré, est encadré solennellement dans de vastes cols-poignards. Il porte l'habit boutonné jusqu'au menton, n'oublie jamais ses gants et tient ses rênes et son fouet avec la majesté sereine, le calme parfait d'un homme sûr de lui-même. Les pieds solidement posés sur le marche-pied, il conduit presque debout, tant son siége est élevé. A sa droite et à sa gauche prennent place deux voyageurs, qui, quelle que soit l'élégance de leur tenue, font encore presque toujours ressortir la noblesse de la sienne; car la banquette est si haute qu'ils sont à peu près hors d'état d'appuyer leurs pieds et semblent flotter dans l'espace. Le conducteur, posté à l'arrière, est beaucoup moins solennel que le cocher; c'est lui qui est le régisseur parlant au public; et quand les passants ne viennent pas à lui d'eux-mêmes, il se démène sur son petit siége et hèle à droite et à gauche jusqu'à ce que la voiture soit complète. Une autre voiture particulière à Londres, c'est le *cab*, petite calèche couverte, à deux roues, dans laquelle on entre par devant et dont le cocher a son siége derrière, à la hauteur du soufflet, de manière à voir la tête de son cheval par-dessus la voiture. Véhicule rapide par excellence, il faut le suivre de l'œil se faufilant, au grand trot,

avec habileté et avec sûreté, au milieu des
files de voitures, roulant tantôt sur la droite
de la chaussée, tantôt sur la gauche; puis,
pressant son allure pour profiter d'un petit
espace vide entre deux carrioles, s'arrêtant
tout court lorsque la voie est barrée par
quelque obstacle, pour repartir au plus vite
dès qu'elle est dégagée par devant ou de
côté.

Au milieu de ces voitures démocratiques
et des mille autres fiacres qui leur font con-
currence, s'entrecroisent d'élégants équipages,
des voitures de maître aux cochers poudrés et
en bas de soie; puis de nombreux cavaliers
guidant avec grâce leurs fougueuses montures
au milieu des obstacles. L'être le plus malheureux, dans les rues de Londres, est assurément l'homme pressé que son chemin
oblige à les traverser; les voitures se suivent
de si près et d'une façon tellement ininter-
rompue qu'on reste parfois des quarts d'heure
entiers au bord d'un trottoir à attendre qu'il
soit possible de passer de l'autre côté de la
rue sans être écrasé; force est bien souvent

de courir derrière une voiture jusqu'à ce qu'on trouve dans la file voisine un interstice par où s'esquiver, ou bien de faire appel à l'obligeance d'un *policeman* pour rompre un instant la chaîne.

Chez un peuple qui entend la publicité comme les Anglais, on ne s'étonnera pas que l'affiche soit partout ; on peut dire, à la lettre, que dans les rues de Londres elle vous poursuit ; non-seulement on l'a collée partout où il existait un espace libre, sur et dans les voitures publiques, mais encore on la fait voyager sur des charrettes construites tout exprès pour cela ; ce sont de vastes caisses montées sur quatre roues et dont toutes les faces sont couvertes des annonces les plus hétéroclytes : de l'eau gazeuse et des rasoirs perfectionnés, un panorama de la Terre Sainte et une *Révalescière* quelconque. Souvent on rencontre sur les trottoirs une file d'individus vêtus de noir, marchant à pas comptés, comme s'ils conduisaient quelqu'un à sa dernière demeure. On se retourne et l'on voit qu'ils portent sur le dos une grande affiche annonçant un concert ou une exhibition théâtrale : ce sont tout bonnement des affiches ambulantes. Je me souviens d'avoir souvent rencontré, dans les environs de la Banque, un pauvre diable misérablement vêtu et d'avoir eu chaque fois un serrement de cœur quand mon regard descendait de sa figure affamée sur l'affiche jaune qu'il promenait, pendue en double exemplaire sur sa poitrine et sur son dos ; c'était l'enseigne d'un restaurant où, pour deux shillings et demi, on devait faire, disait l'affiche, un excellent dîner.

Quelquefois une musique bizarre vient attirer l'attention ; on se détourne un moment de son chemin, on fend un cercle compacte, et l'on se trouve en présence d'une bande de nègres vêtus de costumes fantastiques et exécutant quelques-unes de leurs danses indigènes aux sons d'une mélodie un peu sauvage, dont un tambour, un sifflet et un triangle font tous les frais. Quand on les regarde d'un peu plus près, on ne tarde pas à remarquer que leurs visages ne portent pas du tout les traits caractéristiques des races afri-

caines; les uns ont des cheveux plats, les autres
de la barbe ; l'un des danseurs ayant même
par hasard dérangé l'harmonie de son déguise-
ment, on peut apercevoir ses cheveux blonds
sous sa perruque crépue. C'est tout bonnement une spéculation comme il s'en fait beaucoup à Londres. Il y a bien des années une
troupe de véritables Maures circulait dans
les rues de Londres en se livrant aux mêmes
exercices , et elle y gagnait passablement
d'argent. Mais les noirs enfants de l'Afrique
ayant peu à peu succombé à l'inclémence du
climat de Londres, l'entrepreneur les remplaça
au fur et à mesure par des gamins du pays,
de sorte qu'aujourd'hui il n'y a plus dans la
bande un seul nègre bon teint.

On ne peut parler des rues de Londres
sans dire un mot de la Tamise, qui, même en
tenant compte de sa grande largeur, est certainement la voie la plus fréquentée de la
capitale. Au premier coup d'œil, les bords de
la Tamise semblent morts, comparés à ceux
de la Seine. Il n'y a pas de quais à Londres,
et une série de grands édifices, le Parlement,

Somerset-house, dont les murs plongent directement dans le fleuve, lui donnent un aspect un peu morne et austère. Mais, en revanche, quelle animation extraordinaire offre la navigation! On sait qu'à la marée, les plus gros navires peuvent remonter la Tamise presque jusqu'à London Bridge; de sorte qu'à partir de là, aussi loin que l'œil peut porter, les deux rives sont masquées par une épaisse forêt de mâts. En amont de London Bridge, ce sont surtout les bateaux à vapeur qui circulent incessamment et donnent de la vie au tableau.

Près de tous les ponts de Londres il y a, sur la rive gauche, des embarcadères pour ces petits bateaux, qu'en 1867 on a aussi acclimatés à Paris sous le nom de *Mouches.* On prend au bureau, moyennant deux, quatre ou six *pence,* un billet pour l'endroit où l'on veut se rendre. A chaque instant un bateau touche à l'estacade; toutefois, avant d'y monter, on fait bien de s'informer s'il s'arrête là où l'on se propose de descendre. Si non, on attend quelques minutes, et un second ba-

teau ne tarde pas à se montrer, fouettant
l'eau de ses petites roues à aubes. Il rétro-
grade un peu jusqu'à ce que le premier soit
reparti, puis accoste à son tour. Cependant il
en arrive du côté opposé deux ou trois autres,
qui tantôt attendent au milieu du fleuve que
la place soit libre, tantôt viennent se ranger
bord à bord devant l'estacade, laissant au
flot des passagers le soin de se répartir sur
chacun, selon sa destination. Puis les roues se
remettent à battre, et ils s'envolent comme
autant d'oiseaux de mer. On ne peut pas dire
que ces petits bateaux soient précisément élégants; ils ne sont même pas toujours propres;
ce qui n'est pas bien étonnant si l'on songe
aux milliers de passagers qui s'y renouvellent
sans cesse, apportant la boue de la Cité à la
semelle de leurs souliers. C'est d'ailleurs, à
en juger par la masse d'écorces d'orange et
de débris de vivres de toute nature qu'on
y heurte du pied, l'endroit où l'ouvrier lon-
donien semble avoir le plus de plaisir à
faire ses *lunchs*. Les premiers petits bateaux
à vapeur ont fait leur apparition sur le fleuve

en 1820 : aujourd'hui on les compte par centaines, et ils constituent l'un des modes de transport les plus usuels des habitants de Londres.

## II.

## Une Fête populaire à Grosswardein[1].

Il y a, dans les histoires que nous avons lues dans notre jeunesse ou qu'on nous a racontées étant enfants, des choses qui s'accordent si peu avec les habitudes rangées et bourgeoises du temps présent, qu'à vrai dire nous n'y croyons guère et qu'elles se casent dans notre esprit à côté des histoires de sorcellerie et de dragons ailés, des histoires de chevaliers-brigands et autres contes plus ou moins fantastiques dont nous avons été bercés à la veillée. Je n'en veux d'autre exemple que les récits des grandes réjouissances po-

---

1. D'après la relation de F. W. HACKLÆNDER, *Tagebuch-Blätter*, t. II, Stuttgart, 1861.

pulaires du temps de nos aïeux. Qui de nous n'a entendu parler de ces immenses chaudrons pleins de viandes et de légumes cuisant dans les rues au-dessus d'un bon feu pétillant, ou de ces bœufs aux cornes dorées qu'on rôtissait tout entiers, ou encore de ces fontaines de vin, jaillissant de tonneaux gigantesques et, en apparence, inépuisables ?

Eh bien, il existe encore dans le monde des endroits où l'on peut assister à des fêtes semblables, aussi brillantes, aussi grandioses que celles auxquelles nous refusions d'ajouter foi. J'ai eu cette bonne fortune, il y a quelques années, en Hongrie, à l'occasion du voyage de l'empereur et de l'impératrice d'Autriche.

C'était à Grosswardein ; on avait fait sur une grande place devant la ville d'immenses préparatifs pour toute sorte de réjouissances. Le long de la chaussée s'élevait une tribune ornée de draperies bleues et blanches; au centre était la loge impériale, reconnaissable à ses rideaux de velours rouge à crépines d'or et à la double aigle qui la surmontait. A droite

et à gauche de ce premier pavillon s'étendaient d'autres tribunes, aussi joliment dé-
corées, pour les fonctionnaires et les nota-
bilités.

Sur la grande pelouse dont ces tribunes
formaient le fond, on voyait, d'un côté, de
hauts échafaudages soutenant de gigantes-
ques.tonneaux dont le vénérable aspect était
égayé par des guirlandes de feuillage; de
l'autre, de grands feux au-dessus desquels
étaient suspendus des chaudrons fumants. En
face de la tribune, on avait dressé deux
buttes de gazon qui servaient de support à
une poutre horizontale, munie à chaque bout
d'une roue de voiture : c'était la broche à laquelle la corporation des bouchers allait attacher un bœuf. Une heure auparavant, j'a-
vais encore contemplé cette intéressante
victime pleine de vie ; une joyeuse musique
de Bohémiens m'avait attiré à ma fenêtre et
j'avais vu passer, fanfare en tête, un cortége
comprenant d'abord toute la corporation des
bouchers en costume d'apparat : large pantalon blanc et veste rouge ; puis, entre deux

gardiens, un beau bœuf presque blanc, dont les longues cornes étaient dorées et enrubanées ; et immédiatement derrière un garçon d'abattoir, vêtu d'écarlate et portant sur l'épaule l'instrument du supplice: une magnifique hache dorée. Des milliers de gens à pied, à cheval et en voiture se pressaient à sa suite dans la direction du champ des fêtes.

Sur la place même, il était curieux de voir arriver les spectateurs. Non-seulement les routes étaient encombrées de cavaliers et d'équipages à deux ou à quatre chevaux; mais il en débouchait de tous les côtés, à travers champs, sans souci des petits fossés ou des autres accidents du terrain, toujours au galop et criant à qui mieux mieux. Dans des circonstances solennelles comme celle-là, chaque voiture de paysans contient ordinairement une famille tout entière. Sur le devant se tient le propriétaire, vêtu, soit de son costume de *csikos*, soit, s'il appartient à une classe plus élevée de la société, d'une culotte collante et d'un dolman de hussard en drap bleu, et coiffé d'un grand chapeau garni de rubans.

Derrière sont assis, sur du foin ou sur des bottes de paille, ou sur des bancs, les femmes, les jeunes filles, une demi-douzaine de plus jeunes enfants, des chats, des chiens, à moins, quant aux chiens, qu'ils ne préfèrent, galoper en compagnie d'une paire de poulains à côté de l'attelage. L'attelage consiste d'ordinaire en quatre ou cinq petits chevaux, deux ou trois devant, deux derrière, sonnant joyeusement de leurs mille grelots. Les voitures à deux chevaux forment l'exception. On court assez pour en fatiguer quatre, et il n'y a pas au monde de meilleurs cochers que les paysans hongrois.

Quelquefois on rencontre une carriole à un seul cheval, une sorte de caisse carrée, montée sur deux hautes roues, qui, de tous les instruments de supplice inventés pour le transport de l'homme, est bien certainement le plus atroce. Il est déjà infiniment difficile d'entrer dans ces voitures, et, une fois qu'on y est, on est si abominablement cahoté que, comme le disent les Hongrois, il faut, pour y tenir, avoir l'âme chevillée au corps.

C'est à cheval que le Hongrois circule le plus volontiers; aussi est-ce par centaines et par milliers que se comptaient les cavaliers. Et il faut voir comme ils sont fermes en selle et avec quelle désinvolture un peu primitive ils passent par-dessus les obstacles! Qu'il y ait des fossés ou qu'il n'y en ait pas, peu leur importe; le premier arrivé saute dedans, les autres suivent; quelques-uns font la culbute; mais on ne s'en inquiète pas plus que de la poussée qu'en bondissant sur le bord opposé un cavalier donnera peut-être à son voisin, au risque de faire rouler par terre homme et bête. Ceux qui n'ont pas vidé les étriers cinglent d'un vigoureux coup de fouet les flancs de leur monture, l'excitent par quelques *hourrah!* et repartent de plus belle. Tous ces gens-là ont le plus joli costume qu'on puisse rêver : un large pantalon blanc bouffant, de grandes manches blanches, un gilet écarlate ou bleu, sur l'épaule une pelisse de hussard, autour du cou une ample cravate flottante, et sur la tête une toque andalouse ornée de rubans aux couleurs vives.

III, p. 24

CAVALCADE HONGROISE.

Ce qui offrait un spectacle, non moins curieux, c'étaient des troupes de deux, trois,
quatre mille cavaliers qui s'étaient rassemblés
de plusieurs lieues à la ronde pour venir sa-
luer le couple impérial. Revêtues d'un coquet
uniforme bleu, rouge ou vert, et armées de
grands sabres, ces bandes aux coursiers
fougueux formaient de véritables escadrons
du plus pittoresque effet. Quand on voyait ces
essaims tumultueux s'avancer au triple galop, le sabre haut, en soulevant des nuages
de poussière; quand on entendait leurs vigoureux *Eljen !* ébranler l'air comme un cri
de guerre, il ne fallait qu'un médiocre effort
d'imagination pour se reporter de deux ou
trois siècles en arrière et se représenter les
hordes à demi sauvages qui jadis inondèrent
l'Allemagne. Il ne faisait pas bon de se trouver pris même en voiture au milieu d'une de
ces bandes tumultueuses; sans même parler
de la poussière, on n'était pas sûr de s'en tirer sain et sauf; c'était entre les cavaliers à
qui dépasserait son voisin, à qui prendrait
l'allure la plus follement rapide, et tant pis pour

les lanternes de voiture ou les housses qui étaient accrochées au passage.

Naturellement les escadrons de nobles qui précédaient et suivaient immédiatement la voiture impériale étaient un peu plus calmes. Composés en majeure partie de gentilshommes riches, ils étaient admirablement montés et revêtus de magnifiques costumes. La plupart des cavaliers portaient un pantalon collant, une *attilla* et une pelisse bleus, soutachés d'argent, et sur la tête un élégant calpak avec une aigrette.

Les nobles seuls avaient été autorisés à se montrer à cheval sur la place; tout le reste du peuple était descendu de cheval ou de voiture derrière les tribunes, — où il s'était formé, par le fait même, un véritable camp, — et se promenait en flots pressés devant la loge impériale, étalant les accoutrements les plus variés et les plus originaux. On y remarquait un grand nombre de Valaques, reconnaissables à leurs bonnets de fourrure pointus, à leurs longues robes blanches, à leur large ceinture de cuir ornée de boutons, à leurs culottes courtes et à leurs sandales, dont les longs cordons de couleur venaient s'entrecroiser tout autour de la jambe; leurs femmes avaient la tête drapée d'une pièce d'étoffe blanche retombant sur le côté en forme de voile, un peu comme chez les juives de l'Orient; avec cela une chemise brodée de couleurs vives, une casaque blanche très-ornementée et leur traditionnel petit tablier à longues franges. Les Hongroises, au contraire, dont on connaît la magnifique chevelure, avaient presque toutes une longue tresse de cheveux nouée de rubans. Au milieu de ces groupes aux couleurs éclatantes, on voyait des Slaves aux longs cheveux noirs pendants, aux chapeaux noirs à larges bords, aux hautes bottes, et au *szur* blanc piqué de rouge.

Quant aux Allemands, ils se distinguaient aisément à leur douce et mélancolique figure, à leurs yeux bleus et à leurs cheveux blond pâle. Leur toilette, d'ailleurs, aurait suffi à les trahir: les femmes portaient, comme elles l'eussent fait en Bavière ou en Wurtemberg, leurs longues jupes foncées, leurs casaques

de drap avec un devant brodé de clinquant,
leurs éternels bas de laine et leurs souliers
découpés, leurs grands peignes de laiton pi-
qués dans le chignon.

Je ne décris dans ce moment que le costume des gens riches ou aisés, dè ceux qui
avaient revêtu leurs habits du dimanche pour
venir parader sur la grande place de Grosswardein. Mais ce n'étaient, il faut bien le dire,
que des points brillants se détachant sur un
ton général beaucoup plus gris, ou pour parler plus exactement, plus sale. La masse du
public était très-loin d'avoir rien ni de coquet,
ni d'élégant, ni même de propre ; la propreté
n'est pas la vertu cardinale des Slaves en général, ni des Hongrois en particulier. Ainsi
il y avait là des milliers de Slaves et de Valaques des basses classes, drapés dans un
manteau jadis blanc, laissant pendre jusque
sur les épaules leurs cheveux luisants de
graisse, et le visage à demi caché sous un
vaste chapeau de feutre troué et bossué. Les
Valaques, surtout, qui ne quittent guère,
ni été ni hiver, leur long manteau de

fourrure et qui se bornent, par les temps chauds à le porter le poil en dehors, avaient de loin l'air de bêtes fauves, tant ils étaient enfouis dans les pelisses. On retrouve aussi, chez le Hongrois des basses classes, cette bizarre habitude de porter des fourrures au cœur de l'été. Il y avait à Grosswardein une quantité de paysannes tout à fait déformées par d'épaisses casaques de fourrure qu'elles portaient en guise de corsage; en hiver ce sont leurs époux qui endossent ces casaques: c'est un vêtement à double fin.

N'oublions pas l'un des éléments principaux de cette cohue, les Bohémiens, qui se trouvaient disséminés sur toute la place, les uns mendiant et quémandant de toutes les façons, les autres jouant d'un instrument ou servant de porte-faix; tous également incapables de se tenir un instant en repos, toujours debout, toujours l'œil à l'affût. Je n'ai pas grand'chose à dire de leur habillement, car ils sont tous trop pauvres pour avoir un costume national; chacun se couvre comme il peut des vêtements qu'on lui a donnés ou qu'il s'est procurés par voie de troque, sinon de vol; les hommes portent, soit un dolman en lambeaux, soit une culotte de hussard trouée et frangée, soit une vieille pelisse. La plupart semblent dédaigner les chaussures et les chapeaux comme de luxueuses superfluités. Les bandes de musique faisaient seules exception; elles avaient été très-convenablement costumées, sans doute aux frais de la ville.

On pourrait à la rigueur confondre un Bohémien bien vêtu avec un Hongrois très-noir. Mais il est impossible de ne pas reconnaître au premier coup d'œil une Bohémienne, quel que soit son accoutrement, ne fût-ce qu'à la manière dont elle erre à travers la foule en promenant incessamment son regard tout autour d'elle; on dirait tout d'abord qu'elle ne quitte pas la terre des yeux, et, en réalité, rien de ce qui se passe dans son voisinage n'échappe à ce regard de faucon. Les femmes et les jeunes filles ont, avec un teint bronzé, plus foncé que celui des hommes, des dents d'une blancheur plus éblouissante et des yeux plus étincelants.

Leur costume ou, pour mieux dire, leurs haillons, si insuffisants qu'ils soient, ont quelque chose de provoquant et de pittoresque: une courte jupe qui cache à peine une jambe finement modelée, un fichu rouge ou jaune qu'elles nouent assez lâche autour du cou et de la poitrine, et sur la tête une longue pièce d'étoffe foncée, dans laquelle elles se drapent avec grâce ou qu'elles laissent flotter au gré du vent.

Jusqu'à l'âge de douze ans, la toilette des enfants est d'une simplicité toute primitive; dans la campagne, on les laisse courir tout nus; ici, dans cette circonstance solennelle, on leur a noué autour des reins un lambeau de linge qui tient lieu tout à la fois de chemise, de robe et de culotte. Les Bohémiennes ont, pour traîner leurs enfants après elles, une adresse qui défie la comparaison: en général, une femme ploie sous le faix, pour peu qu'elle ait à porter un enfant de quatre ans; une Bohémienne saura circuler dans une foule, avec un nourrisson enveloppé dans un linge et suspendu sur son dos, avec un petit garçon de trois ou quatre ans perché sur son épaule et se retenant à sa tête, avec un troisième enfant de deux ans assis sur son bras gauche; ce qui ne l'empêchera pas de tendre la main droite pour mendier ou de se baisser prestement pour ramasser tel objet qu'un passant aura laissé tomber, peut-être sans s'en apercevoir.

Voilà les différentes nationalités qui se confondaient dans un pittoresque pêle-mêle sur la grande place de Grosswardein. Figurez-vous maintenant tout ce monde s'agitant comme des fourmis sur une fourmilière; ajoutez au tableau les élégants uniformes de l'armée, qui se trouvait largement représentée, soit pour le maintien de l'ordre, soit parmi les spectateurs. Écoutez tous ces orchestres dont les clarinettes et les violons se détachent en notes criardes sur le sourd bruissement de la foule, et dont les mélodies se confondent en une cacophonie indescriptible. Démêlez ces *Eljen!* enthousiastes, dont le bruit lointain, partant de la ville, s'avance vers la place comme les roulements du tonnerre à mesure

que le couple impérial s'approche du lieu
de la fête, au milieu d'un brillant essaim de
cavaliers ; — et vous vous représenterez
peut-être ce qu'était cette grandiose et ori-
ginale manifestation populaire au moment
où les réjouissances proprement dites allaient commencer, c'est-à-dire où François-
Joseph faisait son entrée dans la tribune
impériale.

Un immense *Eljen!* retentit sur toute la
place, la musique militaire entonne l'admirable hymne national de Haydn : *Gott erhalte
unsern Kaiser!* aussitôt répété par les nombreux orchestres bohémiens disséminés dans
la plaine, et répété parfois de quelle affreuse
façon! avec quels grincements d'archet! quelles folles fioritures! Aussitôt après, un vaste
cercle se forme devant la tribune, une musique bohémienne joue le *Csardas,* la danse
nationale hongroise, et en un instant le cercle
se remplit d'une foule de danseurs et de dan-
seuses qui sautent en cadence jusqu'à ce que
la sueur ruisselle de leurs fronts et que la

musique elle-même laisse tomber d'épuise-
ment ses clarinettes et ses archets.

Le couple impérial fit ensuite une promenade sur la place ; mais on eut quelquefois
toutes les peines du monde à lui frayer passage, tant la presse était forte. Heureusement
on ouvrit au même moment les fontaines de
vin, de sorte que la foule, fortement attirée
dans deux sens contraires, finit par se dissé-
miner un peu. D'ailleurs les voitures impériales
ne tardèrent pas à reprendre le chemin de la
ville, l'allégresse commençant à atteindre
sur le champ de fête un diapason un peu trop
élevé. Pour peu qu'on se trouvât pris dans un
groupe compacte, il n'y avait plus à songer à
s'en tirer à coups de coude ou par la force du
poignet ; on en était réduit à se laisser porter
par la foule, au risque d'étouffer entre deux
peaux d'ours.

C'est ainsi que le courant nous entraîna
à l'endroit où l'on rôtissait le bœuf. Toutefois nous n'aurions sans doute pas vu grand'-
chose, si un grand gaillard déguenillé ne
s'était intéressé à nous et ne nous avait fait

faire place avec des arguments à l'efficacité desquels une solide trique contribua pour sa bonne part. Nous arrivâmes, grâce à lui, à deux pas de l'auto-da-fé : le bœuf écorché était attaché à la broche que j'ai décrite plus haut et tournait lentement au-dessus d'un immense brasier. Mais, malgré la chaleur à laquelle elle était exposée, la viande était encore très-rouge et ne nous sembla rien moins qu'appétissante. Un grand animal dépouillé de sa peau a toujours quelque chose de repoussant; mais nous ressentîmes cette impression plus vivement que jamais en présence de ce bœuf tournant en l'air, tout sanglant, avec ses longs pieds, sa tête écorchée et ses cornes dorées. Il était fixé à la broche par des chaînes de fer, et deux aides étaient occupés à l'humecter incessamment d'eau et de graisse, à l'aide de gros bouchons de paille. Tout à l'entour, une vingtaine de cavaliers maintenaient à grand'peine un espace libre, que des milliers de Hongrois et de Valaques à l'œil brillant de convoitise s'efforçaient de rétrécir. Dans cet espace libre se tenaient la musique et la corporation des bouchers, dont le costume écarlate s'harmonisait à merveille avec la scène quelque peu sauvage à laquelle nous assistions.

Le vin, qui avait déjà exercé son influence sur toute la place et qu'on avait apporté près du bœuf dans de grandes cruches, commençait à manifester, là aussi, son action de la manière la plus évidente. Les garçons bouchers, les bras et la figure tout tachés de sang, dansaient, les coutelas à la main, au son de la musique, et assénaient en passant un coup à la victime pour s'assurer si elle n'était pas encore à point; puis ils se mettaient à boire à la ronde. Les musiciens s'étaient aussi partagés en deux bandes, dont l'une buvait, tandis que l'autre jouait.

Lorsque enfin le rôti parut suffisamment cuit pour des estomacs hongrois, on réclama de l'orchestre le *Csardas;* des femmes à l'œil hardi et aux formes opulentes s'élancèrent dans le cercle et commencèrent avec les garçons bouchers, tout à l'entour du foyer, une danse échevelée que je ne puis comparer qu'à celles auxquelles se livrent les sauvages avant leurs repas de cannibales.

Tous les tonneaux avaient été mis en perce sur toute l'étendue du champ de fête, et il y avait autour de chaque échafaudage une cohue et une presse épouvantables. Ici, un grand gaillard, solidement cramponné aux poutres, recevait le vin à même dans la bouche, sans se préoccuper des bourrades ni des coups de pied que lui lançaient ses voisins, et ne lâchait prise qu'après en avoir bu tout son soûl; là, il s'était formé une association dont les trois ou quatre membres s'entr'aidaient de façon à arriver à placer sous le robinet une cruche ou un cuveau qu'ils allaient ensuite vider ensemble un peu plus loin; bien heureux si un maladroit ou un mauvais plaisant ne les poussait pas en route et ne renversait pas d'un coup de coude le liquide si péniblement acquis. Ceux qui n'avaient ni cruches, ni bouteilles, ni récipients d'aucune sorte buvaient dans le creux de la main ou dans leurs chapeaux de feutre. J'en ai même vu qui tendaient à trois un épais manteau sous la tonne et qui buvaient ce qui restait retenu par l'étoffe, laissant à des nuées d'enfants qui se faufilaient entre les groupes le plaisir de recueillir ce qui passait au travers ou ce qui s'échappait par les bords.

Là où le vin était dans de grandes cuves, on ne se battait pas moins pour y arriver, mais on les vidait plus facilement. J'ai assisté de loin à une querelle grotesque, causée par un Valaque qui avait trouvé plus simple de sauter dans la cuve avec sa grosse fourrure, et de boire à longs traits, en se baissant dans le liquide. On le fit sortir à grands coups de bâton; mais on n'en but pas moins avidement ce qu'il avait laissé. Quand il ne restait plus que la lie, les enfants se bousculaient encore autour de la cuve pour y tremper leur pain.

Comme à l'ordinaire, ce sont les Bohémiens qui se montrèrent les plus rusés : au lieu de se fourrer dans la bagarre et de s'y faire peut-être rouer de coups, ils s'adjoignaient isolément à quelque société qui s'était emparée d'un tonnelet et qui, dans les premières fumées de l'ivresse, ne défendait plus son trésor avec la même jalousie.

Cependant on avait détaché le bœuf de la broche et les bouchers s'étaient mis en devoir de le découper avec leurs hachettes. Autrefois on permettait à la foule de se ruer sur l'animal et de se le partager ou, pour mieux dire, de le déchirer elle-même. Mais on en était si souvent venu aux coups de poing et aux coups de couteau qu'aujourd'hui il est d'usage que les bouchers distribuent la viande. Ils n'y mettent d'ailleurs pas beaucoup de façons. Chaque morceau découpé est jeté dans la foule, et tant mieux pour ceux qui l'attrapent et savent le défendre contre les prétentions des voisins; plus d'une fois il fallut que la gendarmerie s'en mêlât. Je dois dire pourtant que je n'ai pas vu dans cette épouvantable mêlée une seule rixe sérieuse; les discussions étaient quelquefois très-vives, mais il suffisait d'une bonne parole ou d'une plaisanterie pour les apaiser.

Sur les entrefaites, le moment était venu où l'on se disait, avec Méphisto: « J'aurais bien envie de m'en aller. » L'ivresse, au milieu de ces natures vigoureuses, commençait à se manifester d'une façon un peu brutale. Le gazon ressemblait à un champ de bataille; car quand l'un des buveurs trébuchait sur n'importe quoi, il restait généralement couché sur place. Il faut rendre aux femmes valaques la justice, que dans ce cas elles traitaient « leurs seigneurs et maîtres » avec une louable sollicitude; elles cherchaient à les coucher le plus doucement possible, leur faisaient un oreiller de leurs propres casaques, les recouvraient d'une pelisse et s'asseyaient paisiblement à côté jusqu'au moment du réveil. Ce qu'il y avait de plus comique, c'étaient les danses de ces paysans valaques aux longues fourrures. Ils n'y mettaient guère d'appareil : chacun plantait devant lui son bâton et sautait autour en cadence, tout en grommelant entre ses dents, si bien qu'à distance on se serait cru à une fête d'ours.

En général une gaîté exubérante s'était emparée de tous ceux qui prenaient une part active aux réjouissances : les uns chantaient

III, p. 40.

LA FIN DE LA FÊTE.

leurs chants populaires, les autres criaient *Eljen !* puis encore *Eljen !* Les orchestres bohémiens jouaient les plus folles mélodies, et les danseurs y répondaient par les sauts les plus abracadabrants. Nous nous décidâmes enfin à regagner la ville, où nous attendaient d'autres plaisirs plus délicats, mais moins originaux.

# ASIE.

# ASIE.

<br>

## I.

### Un Palais de cristal en Sibérie.

Quand on fait en Sibérie un long voyage, il est rare qu'on ne change pas cinq ou six fois d'espèce de véhicule. Tantôt on est à cheval ou à dos de renne, tantôt en voiture ou dans un traîneau tiré par des chiens, tantôt dans une petite barque que les Russes eux-mêmes ont baptisée du nom fort encourageant de « périssoire ». En général c'est encore ce dernier mode de transport qu'on préfère quand on a un fleuve à longer, car les bords sont d'ordinaire si accidentés, on a tant de gorges profondes à franchir, et par de si mauvais chemins, que le voyage par terre est presque insupportable pour un long trajet.

Je descendais une fois la Léna en canot, et, doucement bercé par le mouvement uniforme des rameurs, je m'étais laissé emporter dans le pays des songes, lorsque soudain la cessation du bruit des avirons me fit rouvrir les yeux. Grande fut ma surprise de me réveiller sous un toit de glace parfaitement horizontal, suspendu à cinq ou six mètres au-dessus de ma tête, et au travers duquel la lumière du soleil passait comme par un verre dépoli bleuâtre. Tous ceux qui ont visité l'Oberland bernois dans ces dernières années sont entrés dans les grottes taillées au bas du glacier de Grindelwald et connaissent la belle teinte azurée de la glace vue par transparence en couches un peu épaisses.

Ce n'est qu'après m'être rassasié de ce spectacle extraordinaire que je vins à songer au danger que nous courions de voir la voûte s'effondrer sur nos têtes, et je ne pus m'empêcher de crier à mes rameurs : «Alerte ! mes garçons, tâchons de sortir d'ici, si vous tenez à votre vie. — Silence, Monsieur, au nom du ciel! me répondit-on à voix basse; on ne doit ici ni ramer ni parler haut, car le moindre bruit, la moindre agitation de l'air suffirait à ébranler la glace. Attendez que nous soyons dehors, tirez un ou deux coups de feu et vous verrez l'effet qui se produira. — Et quand sortirons-nous de dessous cette glace? — Quelquefois elle s'étend sur une longueur de 15 verstes; mais nous n'avons pas encore passé par ici cette année et nous ne savons pas au juste jusqu'où elle va. — Depuis quand est-elle ainsi suspendue? — Dieu le sait; le fleuve gèle en automne dans la saison des inondations; en hiver l'eau baisse, et la croûte de glace reste suspendue aux deux rives jusqu'à ce que le soleil la fonde.»

En effet, le phénomène s'expliquait tout naturellement. Dans cette partie de son cours, la Léna a de hautes rives abruptes, et elle ne coule à pleins bords que pendant les deux ou trois mois de l'année où le soleil fond les neiges; encore se prend-elle avant que les eaux provenant de la fonte se soient écoulées; de sorte que, quand elle baisse en hiver, il s'est déjà formé à sa surface une épaisse couche de glace qui, partout où les rochers lui offrent des points d'appui suffisants, reste à l'état de voûte, tant et aussi longtemps que le soleil ou quelque accident ne la disloque pas. Tantôt cette glace ne laisse passer que de la lumière diffuse; tantôt, au contraire, elle est transparente comme du cristal.

Nous ne tardâmes pas à sortir sains et saufs de ce féerique mais fragile palais. A peine en avions-nous franchi l'extrémité que je me donnai le plaisir d'y décharger les deux coups de ma carabine. Un long roulement sourd me répondit, suivi, un instant après, par un épouvantable craquement, et nous vîmes toute la voûte s'abîmer dans le fleuve. Je l'avoue franchement, je tremblai de ma témérité; car les innombrables glaçons que roulait maintenant le fleuve pouvaient briser notre canot en moins de temps qu'il n'en faut pour l'écrire. Heureusement, nos rameurs, aiguillonnés par le danger, eurent bientôt pris, à force de rames, une bonne avance sur la débâcle, et nous arrivâmes sans accident à destination.

## II.

### La Sibérie au point de vue de la chasse.

La Sibérie est pour le chasseur un pays intéressant et riche en gibier de toute sorte.
On peut la diviser en trois zones. La première,
qui s'étend du 65e degré de latitude jusqu'à
la mer Glaciale, consiste en d'immenses soli-
tudes bourbeuses, où il ne croît qu'un peu
de mousse et quelques buissons rabougris et
où la vie est si difficile qu'une seule des peuplades indigènes la parcourt avec ses maigres
troupeaux de rennes.

La zone du milieu, du 65e au 60e degré,
renferme, au milieu de ses marais, quelques
oasis de terre ferme couvertes d'arbres à ai-
guilles et qui, en été, ressemblent à de véri-

tables îles dans une mer de boue liquide. Plus on va vers le sud, plus on rencontre de ces oasis. Par-ci, par-là, s'élèvent quelques monticules rocheux, et l'eau des fleuves perd son immobilité. On chasse déjà beaucoup dans cette région.

Mais la plus giboyeuse est celle qui est comprise entre le 60e et le 50e degré, et qui, pour être encore assez rude à habiter, fournit pourtant à l'homme tout ce qui est indispensable à son existence. Protégée par les chaînes de l'Oural, de l'Altaï, etc., elle est pour ainsi dire boisée sur toute son étendue, si l'on excepte la steppe de Barabinski, entre le Tobol et l'Ob, et la steppe des Bourjates, dans la Sibérie orientale. On rencontre dans les forêts alternativement le cèdre de Sibérie, le sapin, l'épicéa, le pin, le tremble et le bouleau. La partie méridionale est très-montagneuse; c'est de là que partent tous les torrents qui arrosent le pays. Le penchant des collines est souvent cultivé, et dans les vallées on aperçoit les tentes et les innombrables troupeaux des nomades indigènes.

On trouve dans les trois régions de la Sibérie la martre commune et la martre zibeline, l'écureuil gris, l'ours, le loup et le renard. Dans le nord, on chasse, en outre, le renard bleu et le renard blanc, et dans le sud, l'hermine, l'écureuil rayé, la loutre, le castor, le glouton, etc.

La zibeline et l'écureuil sont de gentilles petites bêtes, fort alertes, sautant constamment d'une branche à une autre, avec cela très-rusées et se défendant, au besoin, avec rage. Il n'est pas facile de les prendre avec des piéges ou des filets; le mieux est de les tirer à la carabine avec de petites balles, du calibre de gros plomb, qui les atteignent aisément jusque sur le sommet des cèdres les plus élevés. Comme tous les petits rongeurs, ils ne prennent pas le temps de se faire des nids ; ils se bornent à abriter leurs petits dans les trous qu'ils peuvent trouver tout faits dans le tronc des arbres, soit par suite de la rupture d'une branche, soit grâce au persévérant travail du pic, cet infatigable petit tambour qui semble, en Sibérie, avoir pris à tâche de suppléer, par les *ras* et les *flas,* au chant du rossignol absent.

Les renards sont, dans ce pays, tout aussi difficiles à prendre qu'ailleurs; mais ils n'y causent pas de grands dégâts dans les basses-cours; ils trouvent dans les bois assez de petits rongeurs ou d'oiseaux pour ne pas avoir besoin de s'attaquer aux animaux domestiques.

Les loups s'acharnent de préférence à la poursuite des chèvres, et ils y mettent une ténacité telle qu'on cite des exemples de loups ayant pourchassé pendant deux jours, sans désemparer, la malheureuse bête sur laquelle ils avaient jeté leur dévolu. Inutile d'ajouter qu'ils ne s'arrêtent dans ces cas-là qu'après en avoir fait leur proie. Dans les steppes et aux abords des grandes voies commerciales, ils sont assez timides et peu dangereux; mais il en est autrement dans le voisinage des forêts, où ils ne craignent pas d'attaquer l'homme et déciment le bétail. Ainsi, tandis que le paysan des steppes peut entretenir des troupeaux d'une centaine de

chevaux, celui des forêts est contraint, à
cause des loups, à n'en avoir jamais plus
d'une paire à la fois, et il doit renoncer
d'avance au bénéfice de la reproduction de
ses animaux domestiques, car pas un petit
n'échappe à la dent des loups. Ils sont généralement très-grands et se multiplient tellement qu'ils couvrent souvent la campagne
par bandes innombrables et assourdissent de
leurs hurlements des districts entiers. Une
peau de loup ne vaut guère plus d'un rouble
et demi (6 fr.).

L'ours lui-même, si redouté d'ordinaire
dans les pays où il abonde, est un hôte com-
parativement inoffensif. Il se sauve devant
l'homme, s'attaque rarement au bétail et ne
fait réellement preuve de sa vigueur et de
son astuce que quand il a à se défendre ou à
défendre ses petits, dont l'épaisse fourrure
noire est fort recherchée.

Parmi les obstacles que rencontre en Sibérie la chasse du petit gibier à poils, il
faut mentionner les incendies de forêts, qui
sont assez fréquents et s'étendent sur d'im-

menses surfaces. Puis il arrive souvent que la noix du cèdre ne réussisse pas et que des millions d'écureuils et de zibelines soient forcés d'émigrer à plusieurs centaines de verstes pour trouver leur nourriture. Enfin, ces animaux sont exposés à des maladies contagieuses qui en tuent des quantités énormes et rendent pour plusieurs années la chasse peu fructueuse.

A part les animaux à qui la beauté de leur fourrure donne de la valeur, les forêts de la Sibérie renferment encore plusieurs autres bêtes fauves : des élans, des cerfs, des chevreuils, des chèvres sauvages, etc.

L'élan, parvenu à sa pleine croissance, pèse quatre fois plus qu'une vache ordinaire. Il est assez dangereux à chasser, parce que, quand il est blessé, il se jette souvent tête baissée sur le chasseur et qu'il a dans son bois une force à traverser du premier coup un tronc d'un décimètre d'épaisseur.

Le cerf ne se trouve à l'état sauvage que dans le nord. Dans le sud, les Toungouses le domptent et s'en servent en guise de coursier. Il en est de même du chevreuil, qui atteint en Sibérie la taille d'un petit cheval. Ses cornes pointues font l'objet d'un commerce assez important avec la Chine, où l'on en tire un médicament fort réputé. Quant à la chèvre sauvage, c'est un animal doux et inoffensif, à qui ses petites cornes ne servent qu'à maintenir le corps en équilibre dans les sauts qu'elle fait du haut de rochers à pic.

# III.

## Le Kamtchatka.

Moyens de transport, mœurs, flore, climat[1].

Le 17 mai 185., nous quittâmes Irkoutsk, ma jeune femme, mes deux domestiques et moi, emportant, en dix caisses, tout ce qui pouvait nous être nécessaire pour un séjour de cinq ans, plus des provisions pour les cinq mois de voyage; car on ne trouve absolument rien à manger sur toute la route, pas même du pain.

Jusqu'à la Léna (237 verstes), le trajet se fit en deux grandes tarantasses. Arrivés le 18 au bord du fleuve, à Katchouga, nous y trouvâmes, heureusement, un marchand qui s'en-

---

1. D'après les lettres d'un fonctionnaire russe reproduites dans KLETKE, *Neue Reisebilder*, Berlin, 1855. C'est au même volume que sont empruntés les éléments des deux précédents récits relatifs à la Sibérie.

gagea, moyennant 60 roubles argent, à nous
transporter, sur sa barque pontée, à 3,000
verstes plus loin, jusqu'à Iakoutsk. Nous
partîmes le samedi soir, 19 mai. Rien de
plus beau qu'un voyage sur la Léna. Nous
voguions confortablement installés dans un
joli salon; à cette époque de l'année, à quinze
jours à peine de la débâcle des glaces, la Léna
coule à pleins bords avec une extrême rapidité sur une largeur de plus d'un verste. A
chaque instant on côtoie des îles charmantes.
Le fleuve est encaissé, tantôt entre de hautes
roches à pic, tantôt entre des montagnes
toutes couvertes de forêts, auxquelles des
restes de la neige de l'hiver donnaient un
éclat et un charme particuliers. Des deux côtés
d'innombrables ruisseaux se précipitent dans
le fleuve et lui communiquent la teinte rou-
geâtre qu'ils empruntent eux-mêmes à la nature du sol. Enfin le paysage était animé par
de nombreuses bandes d'oiseaux aquatiques,
canards, oies, bécasses, cygnes, parmi lesquels nous n'eûmes aucune peine à tirer
chaque jour nos rôtis et nos ragoûts.

Dès que le soleil baissait à l'horizon, on jetait l'ancre, car les nuits étaient généralement venteuses, et de fréquents bancs de sable rendaient la navigation difficile. Dès la première nuit, nous eûmes, juste devant la place où l'on s'était arrêté, le grandiose spectacle d'un incendie de forêt, probablement allumé par suite de l'incurie d'un chasseur ou d'un voyageur. Ce genre d'incendie ne doit pas être rare dans ces régions; mais les forêts y ont une telle étendue que les conséquences en passent inaperçues. Enfin, le 20 juin, nous arrivâmes heureusement à Iakoutsk.

Le voyage qui nous restait à faire d'Iakoutsk à Ajana était à la fois le plus fatigant et le plus coûteux: après n'avoir payé de Katchouga à Iakoutsk que 60 roubles pour 3,000 verstes, il nous en fallut donner 600 pour franchir à cheval les 1,150 verstes qui séparent Iakoutsk d'Ajana. Il est vrai que notre cavalcade comprenait 22 chevaux, 14 de somme pour nos bagages, 8 de selle pour moi, ma femme et mes deux domestiques, un jeune homme qui faisait le trajet avec nous et son domestique, enfin, les deux Iakoutes qui nous servaient de guides.

Tout près d'Iakoutsk, nous passâmes la Léna, qui mesure en cet endroit 7 verstes de large, et nous nous enfonçâmes dans les forêts séculaires que nous avions à traverser à peu près jusqu'à destination. Les 240 premiers verstes jusqu'à l'Amgi, l'un des bras de l'Aldana, furent encore supportables; nos chevaux étaient frais et nous franchissions une cinquantaine de verstes par jour. Vers 9 ou 10 heures du soir, nous nous arrêtions; on déployait au beau milieu des bois notre tente de voyage et l'on se mettait à la cuisine. Le matin nous nous levions à 4 heures, et, après avoir pris le thé, nous nous remettions en route jusqu'à midi; à midi, temps d'arrêt jusqu'à 3 heures; puis on remarchait, généralement au pas, jusqu'au soir. De l'Amgi à l'Aldana (250 verstes) le chemin est si mauvais et le fourré si épais qu'il nous fallait sans cesse garer nos visages des branches et veiller à ne pas laisser à tous les arbres des lambeaux de nos vêtements. A peine nos chevaux avaient-ils passé sans encombre par-dessus de gros troncs tombés en travers du chemin, que le sol se défonçait au point de nous faire craindre à chaque pas une chute dans la vase. Nous eûmes à lutter contre ces ennuis pendant huit longs jours. Arrivés à l'Aldana, nous expédiâmes notre bagage par terre, mais nous nous embarquâmes, ma femme et moi, sur un petit bateau du pays, appelé *weika* et manœuvré par deux Iakoutes et deux Toungouses; nous remontâmes ainsi le Mai, l'un des affluents de l'Aldana, pendant cinq jours, après lesquels il nous fallut remonter à cheval.

Pendant tout le reste du voyage jusqu'à Ajana, le chemin fut si mauvais que je me demandai à plusieurs reprises si nous parviendrions à destination sans être écloppés. Grâce à Dieu, nous nous en tirâmes sains et saufs, et le 26 juillet nous fîmes notre entrée dans Ajana: il nous avait fallu 36 jours pour franchir ces 1,150 verstes.

A Ajana, nous apprîmes que le *Chélekof,*

qui devait nous transporter au Kamtchatka,
avait fait naufrage à l'embouchure de l'Amour.
Force nous fut d'attendre un autre navire; de
sorte que nous acceptâmes pendant quatre
semaines l'hospitalité prévenante d'un Allemand, M. Freyberg, directeur de la Compagnie américaine. Jusqu'à ces derniers temps,
Ajana n'avait été qu'un comptoir de cette
compagnie; mais elle est en voie de prendre
la place d'Okotsk, parce qu'elle a un port
beaucoup meilleur.

Le 24 août, nous partîmes à bord de la
belle corvette, *l'Olevouzza*, et gagnâmes, en
trois semaines, Petropaulofsk, après avoir
fait une pointe vers l'embouchure de l'Amea,
passé huit jours à l'ancre devant l'île de Sa-
chalino et salué l'archipel des Kouriles.

Aussitôt installés au lieu de notre rési-
dence, nous dûmes songer à nos provisions
d'hiver : c'est en effet dans les mois d'automne qu'il faut rassembler tout ce dont
on peut avoir besoin jusqu'au printemps
suivant, car, une fois cette saison passée,
on ne trouverait plus à se ravitailler à n'im-

porte quel prix, et l'on risquerait de mourir de faim.

L'hiver, au Kamtchatka, a une durée et des rigueurs inaccoutumées : il se prolonge généralement huit mois. Pendant ce long espace de temps, la neige tombe en quantités telles qu'elle recouvre entièrement les maisons, et les rafales sont si violentes que les personnes que vous avez invitées à dîner chez vous restent souvent vos hôtes forcés durant trois ou quatre jours, faute de pouvoir se hasarder, sans un danger mortel, à retourner chez elles. Toutefois, grâce au voisinage de la mer, il est rare que les froids intenses soient très-continus. Nous n'avons eu qu'une seule fois, à 6 heures du matin, — 25° cent.; la température oscille habituellement entre — 2° et — 3°; on considère comme fort rigoureux un froid de 10°; de sorte que j'ai pu sortir tout l'hiver avec un simple surtout ouaté. J'avais vendu ma pelisse à Irkoutsk, me proposant d'en acheter une neuve ici; mais il ne se trouve pas dans tout Petropaulofsk un seul individu capable d'ajuster une fourrure. Au surplus, en ville on ne voit presque pas de fourrures; ce n'est que pour des promenades hors ville qu'on endosse la *kouchlianka*, espèce de chemise chaude et légère en peau d'élan. Ce vêtement, que tout le monde porte dans ce pays-ci, était autrefois assez bon marché; mais il a renchéri depuis que les Karjaks, qui habitent le nord du Kamtchatka, et qui avaient d'innombrables troupeaux d'élans, ont sacrifié au dieu Koutche des milliers de ces animaux, dans la conviction que le dieu leur remplacerait scrupuleusement chaque bête par un élan à cornes d'or.

En général, Koutche joue un grand rôle dans les croyances des Kamtchadales; ainsi ils croient que les vallées et les montagnes sont nées de la pression exercée sur le sol par le traîneau du dieu, alors qu'il voyageait du nord vers le sud; il apparut pour la dernière fois, dit-on, aux environs de Lopatka et s'y engloutit dans la mer. Koutche partage d'ailleurs le sort de la plupart des divinités barbares; il est pour ses adorateurs tout à la fois un objet de crainte et de dérision, qu'ils

UN ATTELAGE DE CHIENS AU KAMTCHATKA.

mêlent sans grand respect à toute sorte d'histoires plus ou moins extravagantes.

Le Kamtchatka est un pays extrêmement pittoresque; les voyageurs qui ont été à même de le comparer à la Suisse lui donnent même la préférence. Toutefois il est rare qu'on puisse beaucoup en apprécier les beautés. Au cœur de l'hiver, les excursions seraient dangereuses, et pendant les quelques mois d'été les communications sont si difficiles, les chemins, là où il y en a, sont tellement effondrés qu'il faut un vrai courage pour s'aventurer hors de chez soi sans nécessité. On ne trouve dans le pays ni chevaux, ni voitures; en eût-on, qu'on ne pourrait pas s'en servir. Tant qu'il y a de la neige, c'est-à-dire pendant huit mois, on circule sur de petits traîneaux attelés de cinq ou sept chiens et que l'on guide soi-même, ce qui, pour le dire en passant, n'est pas aisé à apprendre. En dehors des promenades, les chiens servent à tous les transports domestiques; on les attelle aux chars de bois, de foin, etc.

La saison la plus animée à Pétropaulofsk

est le mois de mai. Les baleiniers et les navires de commerce commencent à se montrer.
On importe dans le pays le sel, dont il se fait
une si grande consommation qu'une commission spéciale est chargée, chaque année,
d'en prendre officiellement livraison. Les
fonctions d'interprète et de membre de la
commission ne sont pas une sinécure à cette
époque de l'année : dès 5 heures du matin il
faut être sur pied, et l'on travaille jusqu'à
8 heures du soir, avec une seule heure de repos au milieu du jour. Le déchargement du
sel dure jusqu'en juillet. Quand on habite
une contrée civilisée où la poste et mille ga-
zettes vous apportent les nouvelles au jour
le jour, on ne se figure pas avec quelle impatience fiévreuse les pauvres Européens,
temporairement relégués au Kamtchatka par
leurs affaires, attendent et saluent l'arrivée
du moindre navire qui les remet momentanément en communication avec le reste du
monde. A peine le sémaphore a-t-il signalé
un bâtiment, que toute la population se précipite sur le port pour accueillir l'hôte bien-

venu, et il faut voir avec quelle allégresse on
s'arrache les officiers et les passagers pour
les loger chez soi, leur faire fête et les pres-
ser de questions sur la patrie absente. C'est
d'ailleurs par cette voie que nous recevons à
la fois, pendant deux ou trois mois, toutes
nos lettres de l'année. La poste officielle, qui
voyage par terre à travers la Sibérie, n'arrive
à Pétropaulofsk qu'une fois l'an. Tout l'hiver
suivant, on en est réduit à commenter ce
que, durant ce peu de mois privilégiés, on a
pu apprendre de nouvelles, et, en vérité, je
ne sais comment on tuerait les interminables
soirées de cette mortelle saison si l'on ne
suppléait parfois à la causerie en jouant aux
cartes, aux échecs ou aux dames. La jeunesse
danse ou fait des tableaux vivants; mais il ne
faut pas perdre de vue que dans tout le pays
il n'y a en tout que deux instruments de musique, deux pianos, et qu'on en est souvent
réduit, pour danser, à regretter ou à imiter
la musique primitive des nègres.

La population indigène est très-clairsemée;
on compte à peine 5,000 âmes, et encore est-

elle incessamment décimée par les maladies, surtout par la petite vérole. Ce n'est pas que les remèdes manquent; la flore est, au contraire, très-riche en plantes médicinales utiles; mais les habitants sont inhabiles à s'en servir et ont des médecins qu'on leur envoie une peur invincible. Je citerai, parmi les plantes médicinales, une graminée, le *kaulon,* qui pousse dans les marais et possède des vertus sudorifiques et émollientes; le *tchaktar,* dont la décoction s'emploie contre les affections goutteuses; l'*ikanta,* plante marine qu'on emploie également à l'état de décoction contre les tranchées et la colique; enfin une herbe qui est souveraine pour les lumbagos et les rhumatismes.

La flore du Kamtchatka offre encore une série d'autres végétaux dignes d'attention, notamment une haute graminée blanchâtre, avec laquelle les indigènes confectionnent toute sorte de nattes, de tapis, de stores, etc., qu'ils agrémentent avec des fibrilles de baleine. Ils en font aussi des manteaux fort commodes et complétement imperméables.

Les femmes s'en servent pour tresser des corbeilles, des sacs à ouvrage, etc., qu'au premier coup d'œil on croirait en jonc, tant ils sont finement et délicatement travaillés. On fauche cette plante avec des faux en os de baleine. Je citerai encore une plante marécageuse qui remplace assez bien le chanvre et l'amadou; puis une espèce d'ortie dont on fait du fil et de la ficelle pour les filets de pêche. Comme on est obligé d'importer l'eau-de-vie de la Russie, elle est toujours très-chère et inabordable pour les indigènes; mais il y a longtemps qu'ils y ont suppléé, à l'aide d'une plante tuberculeuse, dont ils savent extraire sans grande peine une boisson enivrante et réchauffante.

# IV.

## L'Archipel des Lou-Tchou[1].

Le 20 juillet 1866, au matin, après avoir arrêté le courrier français pour lui remettre nos dernières lettres, nous mîmes à la voile. Bientôt nous fûmes en pleine mer et rapidement poussés vers le sud-est. Le 23, au jour, la vigie signala la terre : c'était un petit volcan nommé île de Soufre, que nous avions déjà vu en allant au Japon ; nous avions aussi reconnu à cette époque que les cartes lui assi-

---

1. D'après la correspondance inédite de M. Henri Zuber, enseigne de vaisseau de la marine impériale. Les îles Lou-Tchou ou Lieou-Kieou sont un archipel situé au sud du Japon et formant en quelque sorte le prolongement de l'arc de cercle dessiné par l'axe de la presqu'île Coréenne, entre le 120e et le 130e degré de longitude orientale, le 23e et le 27e de latitude boréale. Elles sont encore fort peu connues, et le voyage dont nous allons reproduire le récit partiel a été, pour ce groupe intéressant, un voyage tout à la fois d'exploration et de découvertes.

gnaient une position peu exacte. Comme le temps était magnifique, le commandant résolut de profiter de l'occasion pour faire reconnaître l'île et relever sa position avec précision. A 10 heures, un canot fut mis à la mer emportant plusieurs des officiers de la corvette, chargés les uns d'obtenir la latitude méridienne de l'île, les autres de l'étudier au point de vue géologique, topographique, économique, etc. La traversée ne fut pas triste, chacun émettant ses conjectures sur cette petite île, qui semblait, du reste, entièrement déserte, et donnant un libre cours à sa fantaisie. Au bout d'une heure, notre embarcation touchait sur un banc de corail qui s'étendait, parallèlement à la plage, à 150 mètres environ. Impossible d'aller plus loin. Il fallut se mettre à l'eau et gagner l'élément solide, tantôt marchant sur des coraux pointus, tantôt nageant dans une belle eau transparente et profonde. Tout heureux de fouler un sol qu'avant nous jamais pied européen n'avait touché, nous nous mîmes aussitôt en quête d'un sentier qui pût nous conduire au cratère fumant, le point intéressant de l'île. Mais, hélas! la falaise nous entourait de toutes parts; en vain nous tentâmes l'assaut de ces murailles de lave, en profitant de chaque éboulement et de la moindre anfractuosité; après des efforts inouïs, sous un soleil qui faisait marquer à notre thermomètre portatif 52° cent., il fallut y renoncer. Mais, nos vaines tentatives nous avaient fait découvrir des chèvres qui, sans aucun doute, devaient être sauvages, car nous n'avions rencontré aucun vestige humain. On manœuvra si bien que cinq de ces animaux au pied léger furent acculés dans un coin et pris vivants. Le temps nous pressait; nous regagnâmes le canot avec notre proie et fîmes route pour rejoindre la corvette. Ce n'est pas sans un certain sentiment de joie que nous avions abandonné le sol aride de l'île de Soufre. Il pouvait nous y arriver tant de mésaventures; un grand vent pouvait se lever et forcer la corvette à nous laisser sans vivres, sans vêtements, nouveaux Robinsons sur un rocher volcanique dépourvu de toute végétation. Nous nous entretenions

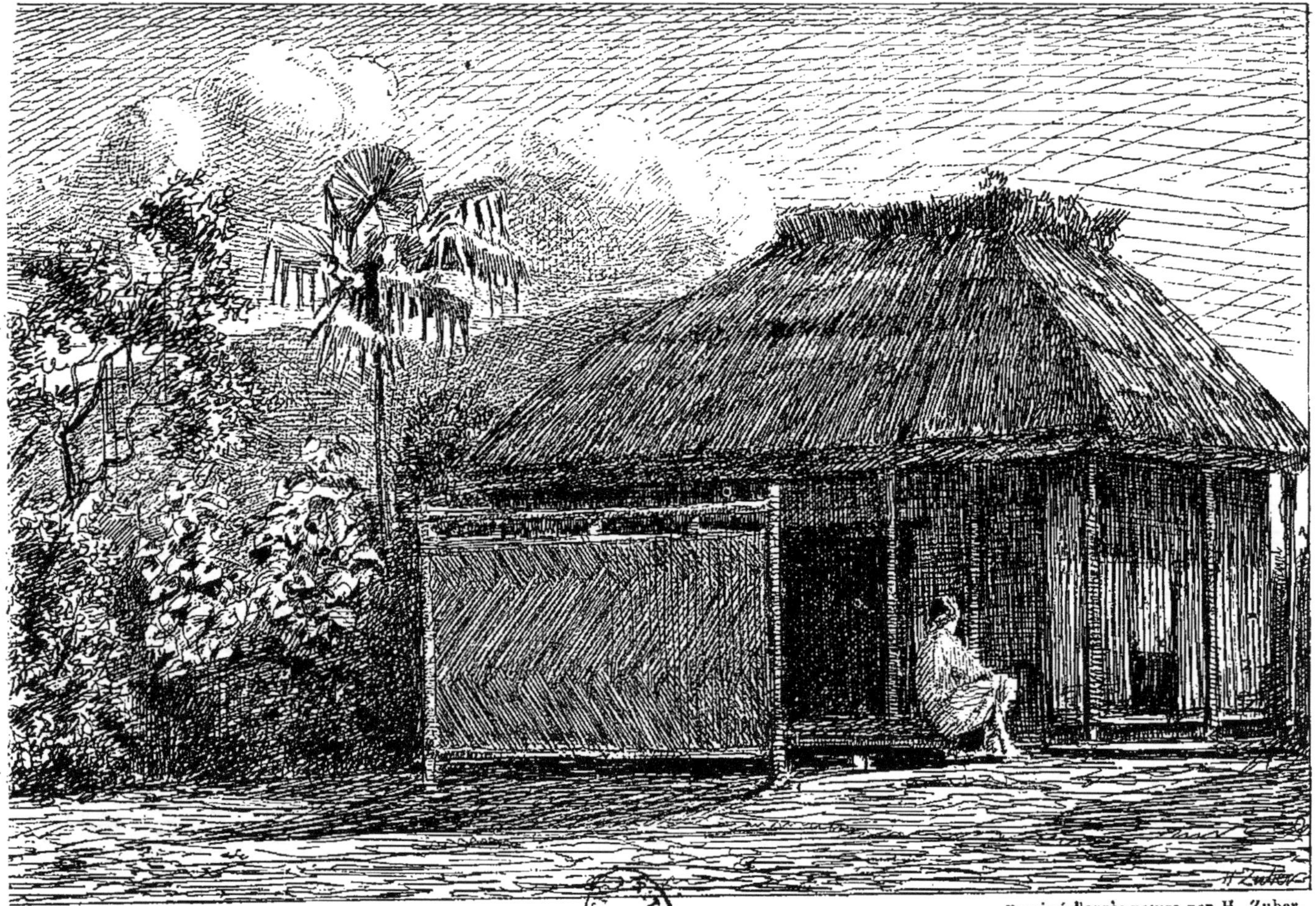

Dessiné d'après nature par H. Zuber.

UNE HUTTE DES HAB... ANTS DES ILES LOU-TCHOU.

des chances que nous avions courues, quand
une exclamation de surprise nous fit tourner
les yeux vers l'île dont nous nous éloignions
à force de rames. Qu'on juge de notre ébahis-
sement lorsque nous aperçûmes, au haut de
notre falaise, une trentaine d'hommes vêtus
à la japonaise ! L'île était donc habitée, les
chèvres étaient domestiques, et nous étions
des voleurs ! L'heure ne nous permettait pas
d'aller restituer notre larcin ; aussi, compri-
mant nos remords, nous continuâmes notre
route en contournant l'île du côté opposé à
celui de notre venue. Bientôt une petite cri-
que, terminée par une plage de sable, s'offrit
à nos regards ; sur la plage étaient des pirogues échouées, et un sentier serpentait sur
le flanc de la falaise. Nous avions fait fausse
route et notre expédition était manquée, faute
d'un peu de temps. A 4 heures nous étions
de retour à bord de la corvette, qui reprit
alors sa route vers le sud.

Le 26, après avoir passé entre les îles
Montgomery et la grande Oukinia, nous nous
trouvâmes devant l'île Agentsu. Comme il y

avait encore des erreurs à rectifier sur les
cartes, une nouvelle expédition se rendit à
terre. Cette fois elle fut reçue sur la plage
par tous les habitants, chef et vieillards en
tête ; on lui offrit l'eau de la bienvenue et le
calumet de paix ; on lui donna quelques provisions fraîches ; mais on ne laissa pénétrer
personne dans l'intérieur de l'île.

Le 27, nous gagnâmes la côte de la grande
Lou-Tchou ou grande Oukinia, et parvînmes,
par un chenal encore inexploré et dont de
nombreux écueils rendaient la navigation
fort difficile, à un excellent mouillage de
sable fin ; une autre passe très-sûre conduisait
à ce mouillage, mais elle se trouvait masquée
par l'île Setei, de sorte que nous n'avions pu
la découvrir.

Aussitôt après le dîner, je descendis à terre
avec quelques camarades. Le soleil dorait de
ses derniers rayons les cotonniers, les vacuas
et les frangipaniers habités par de bruyantes
sauterelles, qui bordaient notre chemin. La
colline s'élevait à notre gauche en étages
bien cultivés, tandis qu'à droite les petits

flots d'une mer couleur indigo venaient mourir sur la plage. Une demi-heure de marche nous conduisit à un grand village qui occupait, à deux pas de la mer, le fond d'une vallée pittoresque. Le chef de l'endroit, entouré de vieillards à barbe grise et suivi d'un grand concours de peuple, vint au-devant de nous; il nous présenta une baille d'eau fraîche avec un gobelet de bois, tout en protestant par gestes de son respect et de ses bonnes intentions. Il est facile d'imaginer que, venant de la mer et, par suite, privés depuis un certain temps de boisson fraîche, nous ne nous fîmes pas prier pour boire à longs traits de cette eau pure et froide. Quand chacun se fut désaltéré, le chef nous conduisit dans le village et nous offrit du thé et des pipes. A mesure que nous avancions, les braves habitants se prosternaient sur notre passage, en donnant les marques du plus profond respect; ce qui nous fit supposer que ces insulaires avaient pour la première fois l'honneur de recevoir la visite d'Européens. Cependant nous avions parcouru le village, dont les cases,

très-primitives, étaient comme noyées dans la
verdure. Le soleil s'était couché et les clairs
rayons de la pleine lune commençaient à ar-
genter les cimes des arbres et des maisons;
l'air brûlant de la journée se rafraîchissait
au souffle de la brise; nous résolûmes de
prendre un bain. A ce moment, toute la population masculine des environs nous entourait;
son étonnement ne connut point de bornes
quand elle nous vit nous dépouiller de nos
vêtements et nous jeter à l'eau. Notre bain
nous parut excellent; lorsque nous songeâmes
à reprendre terre, le plus curieux spectacle
nous y attendait : environ trois cents naturels
étaient accroupis autour de nos vêtements,
à distance respectueuse, bien entendu, et
considérant chapeaux, pantalons et chemises,
la bouche béante et en ouvrant de grands
yeux. Qu'on se figure cette scène, éclairée
par la lune, qui donne à tous les objets un
caractère tout particulièrement fantastique, et
l'on comprendra que nous ne pûmes nous
empêcher de partir d'un immense éclat de
rire, ce dont, au surplus, les bons Oukiniens

ne nous surent pas mauvais gré. Bien plus, ils tinrent à honneur de nous ramener à notre bord sur l'une de leurs embarcations, qui se composait de deux troncs d'arbre évidés et amarrés ensemble.

Le lendemain il fallut lever le plan du mouillage et de la passe, en y ajoutant de nombreux sondages. Ce travail nous occupa depuis 4 heures du matin jusqu'à 3 heures du soir; mais sitôt libres nous retournâmes à terre. Notre promenade dans la campagne fut charmante, et si elle n'offrit aucun incident extraordinaire, du moins elle nous permit de recueillir quelques observations sur les cultures, les mœurs et l'état politique des Oukiniens.

Le paysage des Lou-Tchou ressemble à celui du Japon, tout en étant moins grandiose; c'est la même formation accidentée et capricieuse, la même abondance de frais ruisseaux et d'ombrages touffus; seulement la végétation se ressent de la différence de latitude: tandis que dans le nord, au Japon, on ne rencontre que des rizières, des champs de blé, des forêts de pins et de chênes verts, aux Lou-Tchou la patate douce et la canne à sucre occupent une grande partie du sol, et le cotonnier croît, en compagnie du bananier, dans toutes les vallées.

Les Oukiniens ne sont pas ichthyophages comme les Japonais; la culture semble être leur unique ressource, et ils y attachent une importance que constate la bonne tenue de leurs champs, ainsi que l'intelligence avec laquelle ils approprient les terrains aux divers genres de production.

Leur extérieur a une grande analogie avec celui de leurs voisins du Japon; mais quelques traits de leur visage et surtout la couleur foncée de leur peau rappellent la race malaise. Sans se poser en ethnographe, on peut émettre la supposition que la race oukinienne est un mélange des deux races japonaise et malaise; ce que la situation géographique même des Lou-Tchou rend assez probable. Les Oukiniens sont petits, bien faits, mais un peu grêles; leur visage est régulier et ne manque pas de noblesse; leurs yeux sont grands, presque droits, noirs comme du jais; mais l'expression en est indécise et somnolente; ce qui tient sans doute plus à une cause morale qu'à un trait de race. Ils relèvent sur le sommet de la tête leurs cheveux noirs et luisants et en forment une petite queue tordue qui s'enroule autour de deux épingles, en cuivre pour le peuple, en argent pour les nobles. Ce genre de coiffure est universellement adopté par la population masculine des Lou-Tchou, qui semble y attacher une grande importance; les femmes, au contraire, ne prennent nul souci de leur chevelure; ce qui s'explique par la réclusion perpétuelle à laquelle elles sont astreintes et aussi, d'une manière plus générale, par l'état d'infériorité où les placent les mœurs du pays. Le vêtement des deux sexes consiste en une robe de coton ou de fil de palmier d'une couleur jaunâtre; une ceinture de même étoffe serre la taille. Aux nobles seuls sont réservées la soie et les couleurs vives.

Il serait difficile de se figurer une population plus timide, plus inoffensive, plus polie que celle de la grande Oukinia. Exclusivement vouée aux travaux des champs, elle semble ignorer jusqu'à l'usage des armes. On se tromperait pourtant en cherchant dans cette grande douceur de mœurs comme un vestige de l'âge d'or. Elle est beaucoup plutôt une marque de l'autorité despotique qui, depuis des siècles, pèse sur les habitants et qui s'explique par la situation politique des Lou-Tchou. Tout l'archipel est placé sous l'autorité d'un roi, qui réside à Nafa, au sud-ouest de la grande Oukinia, et dont relèvent de nombreux vassaux. Mais ce roi lui-même est tributaire de l'empereur de la Chine et du prince japonais de Satzouma; la somme annuellement due à ce dernier souverain est, d'après ce que l'on m'a affirmé, d'environ cinq millions de francs, ce qui constitue, pour un territoire aussi restreint que celui des Lou-Tchou, une charge d'autant plus lourde qu'évidemment l'empereur de la Chine, en tant que le plus ancien créancier, exige un tribut au moins égal. Les insulaires sont donc horriblement pressurés, et les nobles, les agents et représentants du roi exercent sur eux un pouvoir illimité, qui a dû peu à peu éteindre toute énergie, toute activité, toute velléité d'indépendance et produire en eux cette atonie qui se peint d'une manière si frappante dans le regard des Oukiniens.

Dès le premier soir de notre arrivée, nous pûmes nous convaincre de l'invisible, mais irrésistible, influence du noble, du *Kouannine*, comme il se nomme (les Oukiniens parlent un idiome japonais, ce qui nous a permis de les comprendre en partie). Nous demandions des vivres, offrant en échange toute sorte d'objets bien tentants, des bouteilles, des couteaux, etc.; mais on nous refusa tout, en faisant signe que le Kouannine couperait le cou au premier de ses administrés assez osé pour livrer une marchandise sans son autorisation. Force fut d'aller trouver le noble, qui nous accueillit avec une grande politesse et s'empressa d'enjoindre aux villageois de nous *donner* tout ce que nous désirerions. Aussitôt les provisions affluèrent : les uns apportaient des œufs, des patates et des fruits;

les autres, des poules et des cochons de lait;
mais ils refusèrent tous obstinément de rien
accepter en échange. C'était exactement le
système d'exclusion, si longtemps pratiqué
au Japon, alors qu'on semblait dire aux étrangers : « Nous voulons bien vous fournir ce
dont vous pouvez avoir besoin, mais afin que
vous soyez bien persuadés de l'inanité de vos
efforts en vue d'établir des relations commerciales avec le Japon, nous n'accepterons aucun payement. » Que répondre à cela ?

Un système analogue a été suivi avec les
missionnaires catholiques. En 1842, l'amiral
Cécille déposa à Nafa deux prêtres français.
Le roi les accueillit avec courtoisie; il leur
donna même une charmante habitation et les
approvisionna de tout ce dont ils pouvaient
avoir besoin. Mais il défendit aux Oukiniens
d'écouter la parole des missionnaires; la con-
signe fut si bien observée qu'au bout de deux
ans la *Victorieuse* vint reprendre les deux
pères, complétement édifiés sur l'inutilité de
leur présence à Nafa. Une nouvelle tentative
fut faite de 1846 à 1849 par les pères Adnet

et Leturdu et par le pasteur méthodiste Bettelheim ; mais sans plus de succès. Depuis cette époque, on a renoncé à tout espoir de réussite. C'était encore, dans ce domaine spécial, un effet de l'influence japonaise.

Pour trouver l'origine de cette influence, il faut remonter aux premières années du dix-septième siècle, où le prince de Satzouma, profitant de l'état d'anarchie du Japon, résolut de s'emparer des Lou-Tchou, alors soumises au protectorat de la Chine. Il apparut avec une flotte nombreuse devant Nafa et n'eut pas de peine à conquérir toute l'île. Mais il reconnut bientôt que la possession de l'archipel, outre qu'elle lui serait disputée par la Chine, lui donnerait plus d'embarras que d'avantages. Il abandonna donc sa conquête moyennant un tribut annuel et l'acceptation des règles d'exclusion en vigueur au Japon ; puis il imposa au roi l'obligation de subir à Nafa la présence d'un agent chargé de veiller, dans toutes les îles, à la stricte observance des clauses du traité.

Bien que placés entre la Chine et le Japon,

les Oukiniens ont une civilisation fort peu
avancée; ce qu'explique surabondamment
l'oppression dans laquelle ils vivent. Je n'ai
vu chez eux aucun objet qui pût faire soupçonner une industrie développée ou prospère.
Les maisons, très-basses, construites en bois
et en terre glaise, couvertes de chaume, sont
loin d'avoir l'aspect séduisant de celles du
Japon. Quand on y pénètre, et qu'on aperçoit
une femme et quelques enfants accroupis sur
la terre, dans un coin sombre, au milieu
d'immondices, puis quelques vases malpro-
pres et, en guise de lit, une couche de paille
à demi pourrie, on ne peut se défendre d'un
sentiment de dégoût et de commisération.
Chaque maison est entourée d'une haie épaisse,
et un écran de joncs tressés défend la porte
contre les regards indiscrets, comme si le
pauvre habitant, «taillé à merci» par son
seigneur, éprouvait doublement le besoin
d'être au moins maître absolu chez lui. Il n'a
même pas la consolation de se réconforter par
la religion; car il n'a, autant que j'ai pu m'en
assurer, ni temples, ni culte proprement dit.

Quelques offrandes de riz à une divinité inconnue, offrandes qu'il dépose au sommet des collines, voilà tout ce qui indique un sentiment religieux chez cette peuplade, si paisible au premier aspect, si peu heureuse en réalité.

Après trois ou quatre jours de mouillage dans la baie de Setei, nous reprîmes la mer et nous dirigeâmes vers l'archipel des Chusan. Notre corvette s'y engageait le 3 août.

# V.

## Calcutta et son Bazar de voleurs.

Calcutta est située sur la rive gauche de
l'Houghly, qui a là près d'un kilomètre de
large, au milieu de cette luxuriante végétation des tropiques qui d'ailleurs couvre tout
le bas Bengale. La ville, déjà peu saine à raison de son sol marécageux, est infectée en
outre par les miasmes délétères qui s'échappent
et d'une série de canaux à peu près sans écou-
lement et du Tollionullah, vaste lagune qui
s'étend au nord-est. Aussi le climat de Ca-
cutta est-il perfide, surtout pour les étrangers.
Néanmoins c'est bien, par sa grandeur et par
son importance, la capitale de toute l'Inde
anglaise, et beaucoup de ses habitants anglais
s'y prélassent dans un luxe royal, comme s'ils
entendaient chasser, à force de pompe et de
distractions, les sérieuses pensées, corollaires

naturels d'une situation pleine de périls et d'incertitudes.

Le quartier européen, ce qu'on appelle *la ville blanche*, s'étend, à quelque distance au nord du fort William, le long du fleuve, et de là s'avance d'environ trois kilomètres dans les terres vers l'est. A la différence de celui de Madras, il ne consiste pas seulement en une vaste série de maisons de campagne, mais comprend de belles et larges rues et des places spacieuses, bordées de maisons dont beaucoup mériteraient le nom de palais. Près du fleuve se trouvent les maisons de commerce et les magasins des grands négociants ; à ce quartier touche celui de Tank-square, borné lui-même à l'est par celui de Chowringhy. Entre ce quartier et l'Esplanade, belle route qui conduit au fort William, s'élèvent les principaux édifices publics. Dans le nombre se font remarquer par leur élégance ou leurs proportions majestueuses le palais du gouverneur général, l'hôtel de ville, la cathédrale — de construction récente — et le palais épiscopal qui y est attenant. Les maisons des riches anglais et celles de quelques négociants indigènes opulents sont généralement à deux ou trois étages et à toits plats, percées de nombreuses fenêtres et entourées de vérandas reposant sur des colonnes ioniques ou corinthiennes. Comme tous les édifices sont badigeonnés en blanc, cette partie de la ville fait un effet éblouissant : elle rappela à l'évêque Heber, qui avait beaucoup voyagé dans sa vie, quelques-uns des beaux quartiers de Saint-Pétersbourg. Au nord-est 'de la *ville des palais* se trouvent les quartiers de Duramtollah et de Cosimtollah, où les Européens des basses classes vivent pêle-mêle avec les indigènes, et qui touchent eux-mêmes à la *ville noire* proprement dite.

La ville noire est un véritable océan de maisons et de baraques entassées les unes sur les autres de la façon la plus irrégulière; elle fait l'impression d'une immense fourmilière, tant la circulation est active et confuse dans le vaste réseau de ses ruelles tortueuses. Née en suite de l'occupation du fort William par les Anglais, elle est arrivée peu à peu, malgré l'absence de tout plan raisonné, à son énorme développement actuel. La plupart de ses habitants sont des Bengalais, et l'on peut souvent se promener des heures entières dans la foule qui parcourt ses rues sans que l'aspect d'un visage européen vous fasse ressouvenir de la ville anglaise toute voisine. L'apparence et le costume des indigènes se rapprochent beaucoup, en somme, de ceux des habitants du sud de l'Hindoustan: ce sont les mêmes visages bruns, les mêmes amples vêtements en mousseline; seulement il y a ici une plus grande variété dans la forme et la couleur des turbans, et certaines castes, par exemple les Bistis, les Hurkarus, se distinguent par leur habillement en laine rouge.

Mais ce qui est plus frappant encore que le caractère des habitants européens ou asiatiques, c'est le contraste entre la ville noire et les autres quartiers de Calcutta. Le quartier européen mérite à bon droit le nom de «ville des Palais», car on n'y voit guère que des édifices qui ne dépareraient ni Milan,

ni Venise, de belles rues tirées au cordeau,
de larges allées, des places spacieuses où
règnent partout l'ordre et la propreté. Le quartier asiatique présente la contre-partie de ce
tableau : c'est, dans toute la force du terme,
une « ville de masures (*pattah*) », qui se distingue précisément en ce qu'elle manque de
tous les prestiges de son orgueilleuse voisine.
Au lieu de palais, on n'y voit que de pauvres
maisonnettes, de véritables huttes, en bambou avec des murs d'argile et des toits de
roseaux ou de feuillage; beaucoup de ces misérables habitations sont ouvertes du côté de
la rue, présentant, soit un trou creusé dans le
sol, soit un petit foyer fort primitif, en briques,
d'où s'échappe constamment dans la rue l'insupportable odeur du *ghié*. Elles n'ont naturellement qu'un seul étage, et, pour ménager
l'espace, elles sont si ridiculement entassées
les unes à côté des autres qu'elles forment
pour ainsi dire une seule masse agglomérée
où il n'est pas plus tenu compte de la santé
des habitants que des règles de la plus vulgaire propreté. Quelques rues importantes

présentent seules des maisons en brique à plusieurs étages.

Par-ci par-là on rencontre bien quelques bâtiments plus vastes, avec des vérandas soutenues par des colonnes grecques et des jardins entourés de hautes murailles derrière lesquelles se balance la cime d'un palmier ou d'un bananier. Ce sont les demeures des *babous*, des indigènes de la classe la plus élevée; mais leur apparence de délabrement ne prouve pas que les propriétaires jouissent ni de beaucoup de considération ni d'une grande aisance; elles sont en si mauvais état qu'on les croirait sur le point de s'écrouler, et l'on en est d'autant plus frappé qu'à raison de la cherté de la chaux, elles ne sont pas badigeonnées comme le sont les maisons analogues à Madras et dans la partie européenne de Calcutta.

Les mosquées et les pagodes présentent le même aspect misérable; d'abord, si l'on tient compte du chiffre considérable de la population hindoue ou musulmane, elles sont en très-petit nombre; puis elles sont d'une construction plus que modeste: point de minarets, à peine quelques petites coupoles. Alors que presque toutes les villes du pays se distinguent par la magnificence de leurs temples, on ne peut guère s'expliquer la pauvreté de Calcutta à cet égard que par cette considération que la ville est l'une des moins anciennes de l'Inde.

On se résigne du reste beaucoup plus vite à l'absence de cette sorte de merveilles et de curiosités qu'aux graves inconvénients qu'entraîne le mode de construction même de ce quartier, inconvénients dont une incurable et universelle malpropreté n'est certainement pas le moindre. Sans doute, pour tout ce qui touche à leurs personnes ou à leurs aliments, les Hindous poussent la propreté jusqu'à ses plus rigoureuses limites; mais il ne s'ensuit pas moins que les rues sont encombrées de déchets et d'immondices de toute sorte que personne ne songe à enlever, si ce n'est les oiseaux de proie, les chacals et les chiens errants, lesquels, malgré toute leur voracité, sont encore d'assez médiocres agents de la salubrité publique. D'un autre côté, l'épaisse poussière qui s'élève incessamment de rues non pavées, jointe à une atmosphère étouffante et empestée par mille odeurs nauséabondes, constitue un ensemble fort peu agréable, bien que les habitants paraissent en prendre assez aisément leur parti.

Avec son apparence de misère, il s'en faut de beaucoup que la *ville noire* soit en réalité aussi pauvre qu'elle en a l'air : il suffit de faire un tour dans les bazars ou les rues commerçantes pour arriver à soupçonner combien de richesse se cache sous ces dehors d'indigence. Dans les bazars on trouve les représentants de tous les métiers, de tous les commerces, tant indigènes qu'étrangers ; non pas, il est vrai, dans le pêle-mêle pittoresque de nos marchés européens, mais rigoureusement parqués, suivant leurs castes, dans des circonscriptions différentes. Les marchands de soieries, de cachemires, d'épices et d'autres objets de prix ont chacun dans une ou plusieurs rues, les uns à côté des autres, leurs places spéciales où on les voit assis dans de petites boutiques, attendant les chalands. A d'autres endroits se tiennent les marchands d'habits, d'ustensiles de ménage, de comestibles, etc. Il en est de même des artisans, tailleurs, maréchaux, menuisiers, corroyeurs, etc., qui vivent respectivement ensemble.

Quant aux corroyeurs, on ne trouve pas parmi eux un seul Hindou. A l'exception du poisson, l'Hindou tient tous les animaux pour souillés ; il ne peut tuer aucun animal domestique, et l'attouchement du cuir lui est interdit comme un crime ; aussi sont-ce des musulmans ou des Chinois qui exercent les divers métiers dans lesquels le cuir joue un rôle quelconque ; leur bazar se trouve dans un endroit tout à fait écarté de la ville. Nous nous y rendîmes, moins pour le visiter en lui-même que pour y voir à l'œuvre les ouvriers chinois, qui ont l'habitude, en travaillant, de s'aider à la fois des pieds et des mains et font parfois l'effet de véritables singes ; on rencontre dans l'Inde un très-grand nombre d'ouvriers originaires du Céleste-Empire.

L'un des quartiers les plus intéressants à

visiter est celui des orfévres, qui sont à la fois joailliers et graveurs; ces gens-là, à l'aide des outils en apparence les plus grossiers, savent tailler les pierres précieuses de cent façons différentes et les enchâssent dans des montures d'or ou d'argent qui feraient honneur à nos ouvriers les plus habiles. Ils travaillent dans de pauvres huttes en argile, dont le devant, complétement ouvert pour laisser entrer le jour, leur sert à la fois d'atelier et de boutique; on peut les voir là accroupis du matin au soir, entourés de leurs petits outils, de leurs pinces et de leurs marteaux, à côté du feu de charbon de bois où ils ramollissent ou fondent les métaux précieux; c'est au milieu de la poussière, de la saleté et d'une misère apparente qu'ils fabriquent les précieux bijoux qui ont établi la réputation des orfévres indiens dans le monde entier. La plupart de ces habiles ouvriers sont de vieux bramines à l'air vénérable, appartenant à la caste la plus élevée et venant du nord de la Presqu'île.

Ce qui frappa le plus vivement notre attention, c'est le *bazar des voleurs,* qui forme un groupe spécial au centre de la ville noire.

Pour s'y rendre, on passe par un dédale inextricable de ruelles étroites et sombres, dont l'aspect vous initie déjà d'avance au caractère spécial du bazar. Comme les étrangers visitent rarement ce quartier, nous saisîmes avec empressement l'offre que nous fit un de nos amis anglais de nous y conduire. Nous partîmes en voiture. Mais nous avions à peine fait quelques tours de roue que notre équipage resta littéralement accroché dans une ruelle et que, malgré la chaleur et la poussière, il nous fallut faire à pied le reste du chemin, à travers un flot de population bigarrée. Nous arrivâmes enfin à une série de maisons à trois étages communiquant entre elles, et tellement serrées les unes contre les autres, tellement enchevêtrées, qu'on pouvait aisément passer inaperçu de l'une à l'autre.

C'est là le rendez-vous de tous les vagabonds et gens sans aveu de Calcutta et des environs; c'est en ce lieu que se rencontrent les filous et qu'ils se livrent entre eux à la venté ou à l'échange des objets volés : ils sont à peu près sûrs d'y échapper à toute poursuite et à toute répression.

A ce commerce entre voleurs et recéleurs préside d'ailleurs tant de régularité apparente, tout se passe si ouvertement, qu'une personne non avertie pourrait se croire au milieu d'honnêtes négociants, si la nature et la diversité extrême des objets qui passent de main en main ne venaient éveiller ses soupçons. Au reste, l'arrangement intérieur des maisons est, de prime abord, assez suspect. De longs couloirs, obscurs et voûtés, traversent tous les étages, présentant des deux côtés des enfoncements carrés qui servent de boutiques et de magasins aux prétendus marchands.

Après avoir gravi plusieurs mauvais escaliers en briques à demi brisés, nous pénétrâmes dans ces sombres locaux, j'allais dire, dans ces cavernes. Énumérer les objets hétéroclites que nous y trouvâmes entassés pêle-mêle serait difficile : chaque enfoncement ou chaque chambre, comme on voudra les ap-

peler, était une vraie boutique de fripier où
les objets les plus vulgaires, les plus dénués
de valeur, étaient confondus avec les plus précieux et les plus rares: vêtements, ustensiles
de ménage, argenterie et montres de fabrication anglaise, bijoux de tous les pays du
monde, châles et étoffes de soie; le tout à
des prix incomparablement modiques. Ainsi
j'ai vu vendre de belles cuillers d'argent presque au prix de couverts d'étain. C'est sur les
toits plats couvrant les maisons que le spectacle était surtout curieux: là les gens de la
partie trafiquaient tout à fait ouvertement;
ils ne se donnaient plus l'air de commercer
régulièrement; voleurs et recéleurs ou bien
tiraient leurs lots au sort, ou bien partageaient amiablement le produit des larcins
commis de complicité. A en juger d'après
l'activité qui régnait partout, et d'après la
foule d'individus qui s'agitaient sous nos yeux
— toutes les parties de l'Inde, même les
plus éloignées, y étaient représentées — ce
genre d'affaires devait être non-seulement fort
attrayant, mais encore lucratif et relativement

exempt de dangers, puisque même la présence d'étrangers et d'agents de police n'y apportait aucune trêve.

Tout ce que nous pûmes voir et constater dans le bazar des voleurs nous surprit au dernier point, et nous aurions certainement fait fausse route dans nos déductions, si notre guide n'avait pris soin, au retour, de nous expliquer le caractère et la corrélation des faits dont nous venions d'être témoins. Bien que les Anglais aient fait de louables efforts pour élever le niveau moral de leurs sujets indiens et qu'ils y aient réussi à plusieurs égards, ils ne sont cependant pas encore parvenus à enrayer, encore moins à déraciner, le penchant que les habitants du Bengale ont pour le vol. La vigilance et la sévérité des autorités s'étant trouvées également impuissantes à sauvegarder les propriétés et à diminuer le nombre des crimes, on se décida finalement à tolérer le bazar des voleurs, mais en l'organisant de telle sorte que les volés aient au moins la ressource de recouvrer, moyennant une indemnité modique, les

objets qu'on leur aurait dérobés. Les objets
volés ne peuvent être vendus sur aucun autre
marché sans les plus grands risques pour celui
qui les détient illégitimement, et par là même
un négociant honnête ne consentirait pas à
les héberger parmi ses autres marchandises;
car toutes les boutiques sont sous la surveillance des autorités anglaises locales et
spécialement des agents de police. Le bazar
des voleurs, au contraire, bien qu'il soit sou-
mis à une surveillance tout aussi attentive,
est à la fois un marché et un mont-de-piété,
où l'on peut vendre, acheter, déposer et en-
gager toutes les choses imaginables; d'où il
suit qu'à côté d'honnêtes gens les voleurs et
les escrocs se réunissent là et usent de ce
privilége pour mettre à couvert et utiliser le
produit de leurs vols. Dès qu'un vol un peu
considérable est commis à Calcutta et que les
objets dérobés sont tels qu'on en puisse donner le signalement, on en affiche au bazar
la valeur, ainsi que la somme offerte par le
propriétaire à celui qui les trouvera ou les
lui rapportera. Ces avis se terminent par la

menace d'avertir l'autorité dans le cas où la restitution n'aurait pas été effectuée dans un délai déterminé. Il arrive alors souvent que les voleurs et les recéleurs aiment mieux restituer leurs prises contre une modique récompense que de s'exposer à des poursuites judiciaires pour faire un bénéfice plus considérable. Mais si l'on hésite à se mettre en rapport avec cette confrérie de coquins, on en est presque toujours pour ses peines; car, ayant des ramifications dans tout le pays, elle arrive très-promptement à faire disparaître les objets volés, de façon qu'il soit impossible d'en retrouver la trace.

# VI.

## Une Chasse à l'éléphant dans l'île de Ceylan[1].

J'avais cédé aux instances de mon ami Richard, qui est, comme Nemrod, un grand
chasseur devant l'Éternel, et je m'étais ré-
solu à l'accompagner dans une région encore
inexplorée de l'île, pour y chasser l'éléphant.
Plaisir de roi, m'avait-il dit, et exempt de
tout danger.

En vain ma femme déploya toute son élo-
quence pour me détourner de ce projet; en vain
elle me prédit que j'attraperais des rhumatismes et que je reviendrais, pour le moins,
estropié. Je m'entêtai dans mon idée et me
mis à faire des préparatifs grandioses. Je

---

1. D'après un récit emprunté par H. KLETKE (*Reisebilder*,
Berlin, 1854) à un journal anglais.

fondis des balles non sans m'y brûler les doigts; je peignis un éléphant sur le fond d'un grand tonneau vide et tirai dessus, jusqu'à ce que je fusse parvenu à ne plus manquer la bonde qui figurait l'œil du monstre; puis je veillai en personne à ce que nous eussions des provisions de bouche pour quinze jours, et j'envoyai en avant nos chevaux de selle afin que nous les trouvions bien reposés au moment où nous quitterions les chars à bœufs dans lesquels devait commencer le voyage.

Au milieu de ces graves occupations, le temps se passa vite et l'heure du départ sonna. L'intendant de ma plantation avait reçu toutes les instructions nécessaires; la garde de la maison était remise à des Indiens de confiance; une vieille parente avait même pris la peine de venir de Candy tout exprès pour tenir compagnie à ma femme. C'est donc en pleine tranquillité d'esprit et de conscience que je montai dans l'antédiluvienne charrette à deux roues qui devait m'emmener et qu'encombraient déjà une masse de corbeilles, de boîtes de fer-blanc aux arêtes aiguës, de couvertures, de paquets de toute espèce. L'équipage se mit en branle avec la sage lenteur que les bœufs apportent à ce genre d'opération, et me voilà parti. Mais sur quels chemins, grand Dieu, il me fallut passer ! à quels cahots résister stoïquement ! car je n'avais personne à qui me plaindre : le conducteur était tellement absorbé par son attelage qu'il n'entendit même pas mes cris de détresse lorsqu'à une secousse plus violente que les autres la montagne des bagages s'éboula sur moi, me meurtrissant le visage et déchirant mes habits.

Je n'étais plus très-loin de l'habitation de Richard, et j'aurais pu me livrer avec délices à la contemplation d'un magnifique coucher de soleil, si je n'avais remarqué au même moment que deux individus à mine suspecte, la figure cachée par une grande barbe et un chapeau à larges bords, semblaient suivre la charrette en se livrant à une délibération fort animée dont j'étais bien certainement le sujet. Par malheur, mes fusils avaient été si soigneusement emballés que, pour y arriver, il m'aurait fallu décharger la moitié de mes effets; je n'avais à ma disposition d'autre arme pour défendre mes jours qu'un mauvais canif tellement rouillé que je me cassai les ongles en essayant de l'ouvrir.

Cependant mes deux drôles gagnaient du terrain et la nuit devenait de plus en plus sombre. J'aurais volontiers donné une moitié de ma fortune pour me trouver en sécurité dans la maison de mon ami Richard, ou du moins pour avoir entre les mains une bonne pioche. Avant de partir de chez moi, je me sentais le courage de braver tout un troupeau d'éléphants; mais, pour lors, cette ardeur guerrière était éteinte jusqu'à la dernière étincelle. J'essayai vainement de la rallumer en me remémorant les hauts faits de tous les héros passés et présents; mais tous mes efforts vinrent échouer contre la réflexion involontaire que ces braves étaient munis d'excellentes armes offensives et défensives, tandis que moi, le pauvre planteur Samson Brown, je n'avais à opposer à mes ennemis qu'un mauvais canif rouillé. Les deux misérables approchaient toujours plus; je commençais à regretter que Richard n'eût pas plutôt fait une promenade au fond de l'Océan que de me convier à cette fatale partie de chasse, et je me désolais sincèrement de ce que tous les éléphants de Ceylan n'eussent pas émigré le printemps précédent dans la Nouvelle-Calédonie.

Finalement j'aperçus les lumières qui brillaient dans le pavillon de mon ami, et il se trouva que les deux individus dont je suspectais tant les intentions étaient deux serviteurs de Richard, envoyés par lui à ma rencontre, afin d'aider à faire gravir à ma charrette la forte pente qui conduit à son habitation.

On chargea en toute hâte sur la voiture le léger bagage de mon compagnon de chasse, et nous continuâmes notre voyage au clair de lune jusqu'au plus prochain relais, c'est-à-dire jusqu'à 3 heures du matin. Richard dormit toute la nuit comme une marmotte; quant à moi, le souvenir de ma folle terreur, la crainte de nouvelles rencontres fâcheuses et, en outre, la nouveauté du paysage m'empêchèrent de fermer l'œil. Les vingt-quatre heures suivantes se passèrent à fumer, à boire et à écouter les innombrables aventures de chasse dont Richard avait été le héros. Il avait accompli de véritables merveilles avec son fusil, et je ne m'étonnais que d'une chose, c'est qu'après de semblables exploits la race des buffles et celle des éléphants n'aient pas complétement disparu de la surface du globe.

Le troisième jour, il ne fut plus possible d'aller plus avant avec la charrette; le moment était venu de monter à cheval et de charger notre bagage sur le dos des Indiens. Mais les garçons d'écurie que nous avions envoyés en avant avaient très-mal soigné nos bêtes; les chevaux étaient à moitié morts de faim, les Indiens ivres-morts. En un mot, il ne pouvait être question de continuer notre voyage avant vingt-quatre heures de repos. J'avouerai d'ailleurs sans ambage que ce repos m'était si nécessaire et si agréable que je n'eus pas le courage de trop tempêter contre la négligence et l'ivrognerie de nos gens.

. Le lendemain, nous eûmes encore toutes les peines du monde à les mettre sur pied et à les déterminer à porter nos affaires. L'un prétendait qu'un fusil à deux coups constituait une charge bien suffisante pour un homme et qu'il ne pouvait rien prendre de plus; l'autre contemplait sa figure jaune dans le couvercle d'une boîte d'étain et ne voulait à aucun prix se laisser arracher à son extase. Heureusement Richard trouva tout de suite le bon moyen de les faire marcher. Il leur suspendit les paquets et les paniers autour du cou, et quelques bons coups de son fouet de chasse leur firent prendre le pas accéléré.

En route Richard me proposa de nous écarter un peu de notre chemin pour aller passer la nuit chez un vieil ami qui demeurait dans le voisinage. Nous laissâmes en conséquence nos gens prendre les devants avec le bagage. La perspective d'une hospitalité confortable et cordiale me mit tout à fait de belle humeur. Mais quelle ne fut pas notre déconvenue lorsque, arrivés à destination, nous ap-

UN SOUPER MANQUÉ.

prîmes que le maître de la maison était parti
pour Candy et avait, avant de s'en aller, complétement dégarni sa cuisine et sa cave! La
maison, toute vide, était confiée à la garde
d'un vieil Indien endormi, qui n'eut rien à nous
offrir qu'un peu de son propre riz, cuit à
l'eau; c'était un joli menu pour deux Européens affamés !

En flânant par la maison, j'avais aperçu
dans la cour, au haut d'une perche, quelque
chose que je pris d'abord pour un simple épou-
vantail, mais qui se trouva être un oiseau
vivant, une pintade à demi apprivoisée. A
notre approche, elle se sauva sur un vilain
buisson à épines, où il n'était ni facile ni
agréable de la poursuivre. Elle s'installa
commodément sur la branche la plus élevée et se mit à battre des ailes, comme pour
nous narguer d'avoir laissé nos fusils entre
les mains de nos domestiques. Un instant
après, nous entendîmes les piaillements d'un
joli petit cochon, tout à fait appétissant, mais
aussi peu désireux que la pintade, nous
sembla-t-il, de faire avec nous plus ample

connaissance. Dès qu'il nous vit, il décampa en grognant et en secouant sa petite queue en trompette. Nous nous mîmes à sa poursuite, nous nous échauffâmes plus que de raison, mais sans arriver à nos fins; de sorte que nous revînmes bientôt nous planter devant la pintade, qui, sur les entrefaites, s'était mis la tête sous l'aile et se livrait aux plus doux songes. Richard, qu'une faim canine rendait complétement insensible aux épines de l'arbuste et aux fourmis rouges qui montaient et descendaient en interminables processions le long de son tronc, saisit un bâton, grimpa sur mon dos et de là sur une branche, afin de s'emparer sans bruit de la bête scélérate dont la quiétude narquoise nous exaspérait. Qu'on juge dé ma colère quand au même instant j'aperçus de nouveau le petit cochon qui avançait, évidemment pour se moquer de nous, son grouin hors du fourré où il s'était caché. Je fis un énorme bond de son côté, mais sans attraper autre chose qu'une quantité d'épines dans les doigts.

Richard, lui, avait été plus heureux; d'un

bon coup de bâton, il avait fait passer l'oiseau de vie à trépas. Toutefois le rôti que nous convoitions venait à peine de toucher la terre que notre maudit cochon, se précipitant dessus avec la rapidité de la flèche, s'en saisissait et l'emportait dans le fourré pour son usage particulier. Malgré les murmures de notre estomac vide, nous ne pûmes pas nous empêcher de rire; le comique de cette aventure assaisonna le fade plat de riz que nous avait offert le vieux gardien.

La faim et la dureté de nos lits nous réveillèrent de bon matin. Nous nous hâtâmes de courir après nos provisions, et, après les avoir fêtées, nous jurâmes saintement que nous ne nous en séparerions plus une autre fois.

Notre chemin nous conduisit par plusieurs villages indiens; nous passâmes à gué ou à la nage plusieurs cours d'eau, et nous nous amusâmes à tirer sur des perroquets, des singes et des écureuils. Un village indien, à Ceylan, consiste ordinairement en quatre ou cinq huttes, en celle du chef, qui ne croit pas déroger à sa dignité en débitant des boissons alcooliques, et en plusieurs autres baraques qui fourmillent de femmes et d'enfants occupés à manger, à fumer, à mâcher du bétel et à boire du rhum. Les femmes ont, de plus, à tresser des nattes grossières, à broyer le riz et à fouetter les enfants lorsqu'il leur arrive de ne pas porter assez adroitement sur leurs petites têtes les grandes cruches à eau ou de laisser les chiens s'approcher des marmites de riz.

Le lendemain nous arrivâmes aux bords d'une rivière dont l'onde cristalline nous invita à prendre un bain, d'autant plus que la température était torride. Nous déposâmes nos habits derrière un buisson et sautâmes dans l'eau; mais Richard en ressortit au bout d'un instant en s'écriant qu'un crocodile l'avait poursuivi. Je me hâtai, comme on peut le croire, de suivre son exemple; nous nous armâmes d'un bon gourdin et nous mîmes pendant un quart d'heure à battre les bords du cours d'eau pour tâcher de découvrir le monstre. Toutefois nos recherches restèrent infructueuses, et quand nous voulûmes reprendre nos vêtements, ils avaient disparu, à l'exception des bas et de la chemise de Richard, de mon chapeau et de mon mouchoir de poche. Comme tout à l'entour de la place où nous les avions mis il n'y avait pas une seule trace de pas humains, nous ne pûmes attribuer ce vol audacieux qu'à des singes ou à des crocodiles, et force nous fut de le laisser impuni. Nous remontâmes à cheval dans le moins fringant appareil et comme de vrais chevaliers de la triste figure, Richard en chemise, les bas noués autour de la tête; votre serviteur coiffé de son chapeau à larges bords et parcimonieusement vêtu de son mouchoir de poche. On s'imaginera sans peine le formidable éclat de rire qui nous accueillit à notre retour auprès de nos gens; nous ne nous sentîmes même pas la force d'y répondre par une colère majestueuse. Le pis est que, sous un soleil brûlant, nous ne tardâmes pas à nous trouver fort incommodés de l'exiguïté de notre accoutrement; notre peau se souleva en larges ampoules, et le soir nous ressemblions à des écrevisses cuites à point.

Nous nous octroyâmes quelques jours de repos avant d'aborder le véritable théâtre de nos exploits, dont nous étions maintenant peu éloignés. Notre pouls battait plus vite à la pensée de la campagne que nous allions entreprendre contre les éléphants sauvages. Enfin, un beau matin, nous nous mîmes en route, montés sur nos meilleurs chevaux et portant en bandoulière de lourdes carabines. Je ne le cache pas, nous avions soif d'aventures ; bientôt il nous en arriva une que j'aurais bien aimé nous voir épargnée.

Nous approchions du fourré ; Richard sifflottait entre ses dents une vieille mélodie, lorsque, soudain, arrêtant son cheval : « Un éléphant, par tous les diables ! cria-t-il, un éléphant énorme ! c'est maintenant, Samson, qu'il s'agit de viser juste !

— « Je ferai de mon mieux ; mais enfin, si je le manquais, qu'arriverait-il ?

— « Ce qui arriverait, mon ami ? nous serions piétinés en bouillie, nous et nos carabines. Êtes-vous prêt ?

— « Oui », répondis-je d'une voix un peu

tremblante, tout en regardant du coin de l'œil un arbre vers lequel je comptais battre en retraite en cas d'accident.

Nous mîmes pied à terre, attachâmes nos chevaux à des arbres, fîmes quelques pas en avant et ne pûmes que trop tôt nous convaincre que l'éléphant nous tenait tête : il était campé devant nous dans toute la majesté de sa taille imposante et nous regardait d'un air provocateur. Je poussai mon ami du coude et lui dis tout bas : «Je crois que nous ferions mieux de nous en aller.» Mais il ne m'écoutait pas. Il m'invita à tirer au signal qu'il me donnerait et m'exhorta itérativement à viser juste, ajoutant, en manière d'encouragement, que dans ces luttes-là le chasseur ou le gibier restait infailliblement sur le carreau.

Il fit feu, je pressai également la détente avec une énergie fiévreuse : un épouvantable beuglement se fit entendre. Je n'en demandai pas davantage, et, jetant, dans la surexcitation du moment, mon fusil à la tête de l'ennemi, je sautai vers un arbre. Avais-je l'intention de le déraciner et de m'en servir comme d'un épieu pour assommer l'éléphant? Je ne le sais plus au juste. Toujours est-il que j'étreignais encore convulsivement le tronc dans mes bras, lorsque Richard me tira de cette situation quelque peu compromettante en s'écriant: « Bravo! en voilà un qui ne bougera plus!»

Ces paroles résonnèrent harmonieusement à mon oreille; je renonçai aux plans que j'avais conçus contre l'existence de mon pauvre arbre et m'approchai triomphant de la gigantesque victime de notre ardeur chasseresse: « Holà, qu'est-ce que cela? dis-je à Richard après l'avoir considérée de plus près; cet éléphant était membre d'un ordre de chevalerie, car il porte anneau, chaîne et collier!»

Sur les entrefaites, une troupe d'Indiens étaient accourus et regardaient d'un air moqueur, tantôt nous, tantôt le colossal animal.

« Au diable l'éléphant, les Indiens et nousmêmes! cria Richard en colère, nous croyions tuer un éléphant sauvage, et la bête que nous avons tirée est un éléphant du gouvernement. Comprenez-vous? une bête de somme complétement domestiquée, un gibier sortant de l'écurie ! »

Cette partie de plaisir nous coûta 5,000 fr., et encore n'eûmes-nous rien de mieux à faire que de rentrer chez nous au plus vite. Vous me croirez si vous voulez, mais j'ai juré qu'on ne me reprendrait plus à une chasse à l'éléphant.

# AFRIQUE.

# AFRIQUE.

## I.

### Les Pyramides d'Égypte[1].

« Monsieur, me dit mon aubergiste du Caire, si vous voulez visiter les pyramides, je me permettrai de vous conseiller de tâcher d'y aller en société ; dans tous les cas, ne vous y rendez pas tout seul. Il y a quatre semaines, un jeune Allemand qui demeurait à l'hôtel fit aussi une excursion à Gizeh et de là à la grande pyramide. Quand il eut été hissé au sommet, les fellahs qui l'accompagnaient

---

1. Rédigé en grande partie d'après une relation anglaise insérée par le docteur K. OPPEL dans son ouvrage *Das alte Wunderland der Pyramiden*. Leipsick, 1863.

remarquèrent qu'il avait une lourde chaîne
d'or, une montre de prix et des bagues à tous
les doigts. Comme fellah est synonyme de
vaurien, les cinq ou six drôles furent bientôt
d'accord pour précipiter en bas l'étranger et
se partager ses dépouilles. Heureusement,
leurs regards de convoitise et leur conversa-
tion à voix basse n'avaient pas échappé à
l'Allemand, et il en avait bien vite deviné le
sens. Sans laisser paraître le moindre trouble,
il tira de sa poche sa lunette d'approche et la
dirigea vers un groupe d'hommes qui, soi-
disant, étaient encore trop loin pour pouvoir
être aperçus à l'œil nu. « Bravo ! s'écria-t-il,
«voilà le reste de ma société de l'hôtel. Il
«paraît qu'elle en sera partie peu après moi.»
Et il éleva la voix, comme s'il parlait à quelqu'un au loin et en agitant son mouchoir en
l'air. Puis, se tournant vers ses guides, qui
se regardaient décontenancés : «J'aurais natu-
«rellement mieux aimé faire la promenade en
«plus nombreuse compagnie; mais les autres
«n'ont pas été prêts à temps, et comme je
«suis invité à prendre ce soir le thé chez le

«consul d'Angleterre, il aurait pu croire, si je
«m'étais attardé, qu'il m'est arrivé quelque
«accident. J'aime même mieux, pour ne pas
«l'inquiéter, me remettre dès maintenant en
«route! »

« Cette prétendue société venant du même
hôtel..... le consul d'Angleterre.... les fellahs
firent leurs réflexions, et le jeune homme re-
descendit sans encombre; mais il se dispensa
de visiter l'intérieur de la pyramide. Il fut
tout heureux de retrouver l'ânier, qui est un
des gens de ma maison, un homme sûr et qui
connaît personnellement presque tous les
fellahs faisant le métier de guide. Quant aux
fellahs, comme j'ai eu l'honneur de vous le
dire, ils sont tous des vauriens. »

Ainsi parla mon hôte.

Toutefois je ne me souciais pas de m'associer beaucoup de compagnons de voyage:
*tot capita, tot sensus,* autant de têtes, autant
d'avis différents. Les uns tirent d'un côté, les
autres de l'autre; on va trop vite au gré de
celui-ci, trop lentement au gré de celui-là.
Mieux vaut ne dépendre, en pareil cas, que

de soi. J'espérais bien trouver le moyen de
revenir de là-haut sain et sauf.

Comme il faut, depuis le Caire, une journée
entière pour visiter même une seule des pyramides, je me mis en route le lendemain dès
le point du jour avec un domestique de l'hôtel
et un âne. Arrivé au Nil, je louai une petite
barque sur laquelle nous remontâmes le
fleuve jusqu'au village de Gizeh. A la rigueur,
j'aurais aussi pu me procurer un âne à Gizeh;
mais les indigènes vous font des prix tellement insensés, quand ils vous voient à leur
discrétion, qu'il est préférable de ne pas s'exposer à leurs impudentes exigences. Mon
ânier se borna à y prendre deux de ses amis
qui pussent au besoin l'aider à me protéger
contre une trahison des bédouins; il se portait
garant de leur moralité, et en définitive il
avait lui-même comme répondant mon aubergiste du Caire.

Il y a encore trois bonnes lieues de Gizeh
jusqu'à la région accidentée où s'élèvent les
pyramides. A peine a-t-on derrière soi le
pays fertilisé par le Nil et cultivé, à peine

a-t-on mis le pied dans le désert qu'on est assailli par des troupes de « bédouins » venant s'offrir comme guides. Ces soi-disant « bédouins », c'est le nom qu'on leur donne ici, ne sont en réalité que des fellahs, des paysans des villages voisins, importuns comme leurs collègues les guides du Rhin ou de la Suisse et d'une importunité aussi persistante, ne se laissant décourager par aucune avanie, courant obstinément à côté de vous et vous assourdissant de leur science de pacotille, même quand on leur a répété dix fois qu'on n'a nul besoin de leurs services.

La portion du chemin à travers le désert est extrêmement fatigante, et je ne voudrais pas pour tout au monde avoir à la faire à pied. C'est une mer de sable et de débris de pierres dont les hautes vagues, heureusement immobiles quand le temps est calme, forment une succession non interrompue de cols et de ravins, et s'éboulent sous les pieds des passants.

Il arrivait sans cesse de nouvelles bandes de bédouins qui voulaient nous escorter; les

uns nous offrant de l'eau, les autres munis
d'un fusil pour faire résonner les échos à l'intérieur de la pyramide ou d'un télescope
tout à fait indispensable pour admirer d'en
haut les beautés du paysage. Comme j'avais
emporté tout ce dont j'avais besoin et que
j'étais bien décidé à ne pas augmenter indéfiniment ma caravane, je finis par dire aux
sept individus qui m'accompagnaient déjà
que, si j'étais content d'eux, je leur donnerais
une bonne gratification; mais que c'était à
eux à veiller à ce que personne ne s'imposât
plus à nous, parce que leur part à chacun
serait réduite en proportion. Ils se tinrent
pour avertis. Les drôles étaient maintenant à
mon service, et quand quelque nouvelle bande
s'approchait, ils se bornaient à dire que mi-
lord avait sa domesticité au complet et
n'accepterait plus aucun supplément de serviteurs. Cela était articulé fort sérieusement
et avec accompagnement de quelques gestes
tellement significatifs que je n'eus plus une
parole à perdre à ce sujet.

Deux de ces enfants du désert parlaient

l'anglais assez couramment et ne tardèrent pas à m'honorer de leurs confidences. L'un me raconta que les pyramides avaient été construites, bien avant la venue d'Adam sur la terre, par le roi des géants, Gan ibn Gan; c'est une tradition populaire dont on ne peut pas trop s'étonner quand on mesure ces énormes monuments du passé à la misère et à la paresse de la population actuelle de l'Égypte. L'autre me confia qu'il possédait des antiquités de grand prix, qu'il me céderait par attachement pour moi à un bon marché tout à fait exceptionnel. D'abord il essaya de me faire acheter des scarabées qu'il soutenait avoir été trouvés, sous ses yeux, dans un cercueil; puis il m'offrit de petites statuettes d'Osiris qu'il jurait ses grands dieux être authentiques; puis des monnaies d'argent du temps des rois grecs, etc. Mais je n'étais plus absolument novice en pareille matière; un coup d'œil me suffit pour reconnaître que tous les objets qu'il me présentait étaient de grossières contrefaçons, et je me bornai à lui répondre que je ferais mes emplettes plus tard.

« Vous savez, me dit mon Arabe, là-bas, au
Caire, on trompe souvent les étrangers; on
leur vend des imitations; mais chez nous,
vous comprenez bien que tout est authen-
tique. » Et, comme je partis d'un éclat de
rire, le drôle me regarda avec ses grands
yeux intelligents et n'essaya plus de faire des
affaires avec moi. Ce n'est que l'après-midi,
au moment où je le congédiai à l'entrée de
Gizeh, qu'il me demanda assez humblement:
« Et Monsieur ne m'achète donc rien? » Je lui
pris en souriant deux statuettes grandes
comme la main, mais en lui donnant à entendre que je savais d'où elles provenaient.

Du reste, je n'eus qu'à me louer de mes
acolytes. Nous arrivâmes plusieurs fois à des
parties basses dans lesquelles il y avait encore de l'eau des inondations. Il n'est pas
agréable de traverser à dos d'âne ces flaques,
qui sont souvent profondes au milieu; aussi,
pour ne pas perdre son temps à les con-
tourner, on se met à califourchon sur les
épaules d'un bédouin, en se tenant à sa tête,
et on se fait porter de l'autre côté. Ces mon-

tures humaines ont le pied parfaitement sûr.

Mais nous voici aux pyramides.

Elles font, il faut le reconnaître, une impression extraordinaire et à laquelle personne n'échappe. Tant qu'on est à une certaine distance, on éprouve généralement quelque déception; on s'attendait à un spectacle plus imposant, plus colossal : l'œil ne fait pas suffisamment la part de l'éloignement. Mais à mesure qu'on s'en rapproche, elles grandissent de plus en plus, et l'on finit par se sentir écrasé par ce voisinage majestueux. C'est à peu près la sensation qu'on éprouve devant quelques-uns de nos grands monuments européens, avec cette différence pourtant que ceux dont la hauteur s'écarte le moins de celle des pyramides sont beaucoup plus sveltes et ne frappent pas l'esprit et les sens au même degré que ces gigantesques masses de pierres entassées de main d'homme et dont la base dépasse très-notablement la hauteur.

La plus grande des pyramides, celle qui sert de sépulture au roi Choufou, est encore, à quelques pieds près, la construction la plus

élevée du globe. Il ne faut pas oublier, d'ailleurs, que les sables mouvants du désert en
ont déjà considérablement enterré la base et
que, de plus, cinq ou six de ses assises supérieures ont été enlevées. Les autres édifices les plus remarquables par leur hauteur
sont, et par ordre d'élévation : la cathédrale
de Strasbourg (142$^m$), la cathédrale de Vienne
(138$^m$), la basilique de Saint-Pierre à Rome
(132$^m$), la tour de Saint-Michel et l'église
Saint-Pierre à Hambourg (130$^m$ et 119$^m$), la
cathédrale d'Anvers (120$^m$), l'église de Saint-
Paul à Londres (110$^m$), le dôme de Milan
(109$^m$), la tour des Asinelli à Bologne (107$^m$),
le dôme des Invalides à Paris (105$^m$), etc.
Les Allemands, par un amour-propre national
singulièrement placé, se plaisent à mettre en
tête de cette liste de hauteurs les deux tours
de la cathédrale de Cologne, qui, effectivement, auront un jour, environ 200 mètres
d'élévation et dépasseront alors de beaucoup
tous les édifices connus. Seulement il est indispensable de faire remarquer que, depuis
six siècles qu'on travaille à l'achèvement de

l'édifice, ces tours gigantesques n'existent encore que sur le papier : aujourd'hui, et pour longtemps encore sans doute, la seule qui soit sortie de terre mesure une cinquantaine de mètres au plus. Combien faudra-t-il de siècles ou tout au moins de millions pour que ce projet grandiose s'achève et pour que la magnifique cathédrale ressemble aux représentations qu'on en vend déjà par avance à Cologne et dans le reste de l'Allemagne ? En réalité, au moment actuel, le premier rang appartient à la cathédrale de Strasbourg, qui dépasse de 3 mètres la grande pyramide elle-même.

Mais retournons en Égypte.

La pyramide de Choufou a été construite sur une terrasse de 50 mètres d'élévation et s'y dresse à 139 mètres de hauteur verticale. Sa base a 232 mètres de côté; de sorte que la pyramide couvre une superficie de 54,000 mètres carrés et cube 2 millions et demi de mètres. Mais il ne faut pas oublier qu'aujourd'hui la terrasse est complétement ensablée et que la pyramide seule s'élève encore au-dessus du niveau du désert. L'énorme quantité de pierres qu'on a ainsi entassées pour former ce gigantesque tombeau royal ont été amenées, à grand renfort de bras, de carrières situées à une assez grande distance sur la rive droite du Nil. Des centaines de mille ouvriers y ont travaillé à la fois, et ce pendant trente ans; il a fallu dix ans pour amener les pierres par une pente douce sur la terrasse, et vingt pour ériger la pyramide elle-même. Dans tout autre pays que l'Égypte une entreprise semblable aurait coûté des sommes fabuleuses; là, il est assez probable que les ouvriers, requis à titre de corvée, ne recevaient d'autre salaire que la nourriture, qui dans la vallée du Nil est à vil prix. On ne peut pas s'expliquer autrement les immenses travaux exécutés dans les diverses parties du pays et dont la pyramide de Choufou est loin d'être un exemple unique.

La pyramide a un socle d'environ 2 mètres de haut, taillé dans la roche vive de la terrasse et dans lequel elle vient s'encaisser à une profondeur de 25 centimètres. Puis elle se

compose de 208 assises de pierres épaisses de
70 centimètres en moyenne, et superposées
avec un soin extrême, mais en retraite, de
manière à former de la base au sommet de
l'édifice et sur ses quatre faces une sorte
d'escalier de géants. Toutes les marches de
cet escalier subsistent encore, à l'exception
des six supérieures. La plate-forme qui existe
aujourd'hui au sommet, à la place de la pointe
qui vraisemblablement terminait autrefois la
pyramide, mesure 10 mètres de côté; c'est ce
qui a fait penser que six assises au moins devaient avoir disparu. Selon quelques savants
toutefois, le nombre primitif n'en aurait été
que de 205, et l'on n'aurait à regretter que
pour 3 les mutilations opérées par les Arabes.
Si l'on examine la construction en détail, on
demeure stupéfait de la perfection avec laquelle
elle avait été exécutée. Les grands blocs de
grès qui forment les marches sont taillés avec
une remarquable précision et à angles droits.
Leur surface inférieure présente une arête
qui a de 5 à 6 centimètres de saillie et qui
s'engage dans une rainure de même forme et

de même dimension ménagée sur la surface
supérieure de la pierre placée au-dessous, si
bien que toutes les pierres tiennent les unes
aux autres et qu'il est impossible d'en détacher aucune. Les Égyptiens, pour donner
aux côtés de leurs pyramides une surface
polie, avaient eu soin de remplir les inter-
valles triangulaires des marches par des
prismes en granit ou en marbre. Mais il ne
reste plus aujourd'hui que de rares vestiges
de ce revêtement. Les Arabes ont enlevé
presque partout les pierres de la surface pour
les faire entrer dans la construction de leurs
habitations, et si le quadruple escalier qui
formait la carcasse de la pyramide subsiste
encore avec ses vives arêtes, c'est que les
gros blocs dont il se compose et leur ingénieux agencement ont défié les instruments
que les vandales du pays pouvaient employer
à les déplacer. Les quelques échantillons du
revêtement de granit qui ont échappé aux ra-
vages du temps et à la main des indigènes
font vivement regretter le reste et permettent
dans tous les cas de se rendre un compte exact

de la manière dont il était disposé. Il se composait de prismes triangulaires rectangles ou,
pour parler plus exactement, de prismes qua-
drangulaires irréguliers, mais ayant deux
angles droits et deux surfaces parallèles d'i-
négale dimension; en effet, le côté du dessous
de chaque prisme, celui qui posait à plat sur la
marche, en dépassait très-notablement l'arête
extérieure, de sorte que le côté vertical du
prisme placé au degré inférieur ne pouvait
pas prendre tout son développement; il était
arrêté en route par la saillie et, au lieu d'a-
boutir à un angle aigu, il se terminait par une
surface plane sur laquelle venait s'appuyer
cette saillie. Il résulte de cette disposition que
les arêtes des marches n'étaient visibles nulle
part et qu'en réalité la pyramide avait un épais
manteau de granit ou de marbre qui la recou-
vrait entièrement de la base jusqu'au faîte.

Je tenais avant tout à visiter l'intérieur de
la pyramide.

L'entrée se trouve à la hauteur de la quin-
zième marche, sur la face nord-est. J'emmenai
cinq de mes gens, les deux autres nous atten-

dant au dehors. On alluma des torches et nous nous mîmes en route. Mais, pour tout dire, la promenade est fatigante, le chemin des plus pénibles. D'abord on descend une pente assez roide (26°); puis l'étroite galerie mesure à peine 1^m,20 de hauteur et de largeur; de sorte que ce n'est pas en se courbant, mais littéralement en rampant qu'il faut avancer. Nous avions ainsi péniblement parcouru 25 mètres, à demi asphyxiés par la fumée de nos torches, lorsque nous nous trouvâmes soudain en face d'un gros bloc de granit qui nous barrait le passage. Quand, il y a un millier d'années, les Arabes, qui comptaient trouver des trésors au sein des pyramides, furent arrivés à cet obstacle, ils s'avisèrent aussitôt de le tourner en creusant dans le grès un couloir à côté du bloc de granit. Nous suivîmes naturellement la voie qu'ils avaient frayée et ne tardâmes pas à nous retrouver dans une galerie absolument semblable à la première, mais ascendante. Cette seconde galerie, longue de 34 mètres, conduit à une sorte de palier où en aboutissent trois autres. L'une, à notre droite, ressemblait à un puits : elle descend verticalement dans l'intérieur de l'édifice ; la seconde, en face de nous, au ras du sol, était horizontale et fort étroite. Au-dessus, et dans le même mur, s'ouvrait la troisième, incomparablement la plus vaste que nous ayons vue jusqu'à présent, car elle mesurait 2 mètres de largeur et 8 mètres et demi de hauteur. Cette galerie est formée d'assises en encorbellement qui ont l'aspect d'une voûte, et elle a une pente très-forte ; mais on a eu soin de ménager dans le sol des enfoncements où le pied peut se retenir. Ce qui est surtout difficile, c'est d'en atteindre l'entrée : il n'y a pas d'autre moyen que de grimper le long du mur en s'accrochant des pieds et des mains à des entailles faites exprès, mais très-espacées. J'admirai la prestesse avec laquelle mes bédouins escaladèrent cette muraille verticale et se passèrent les torches. Au bout d'environ 40 mètres, la voûte se ferme, et un couloir horizontal d'un mètre de côté, qui débouche à la partie supérieure, vous conduit d'abord à une sorte d'antichambre, puis finalement à la chambre funéraire du roi Choufou.

Cette pièce a 6 mètres de haut et une largeur de $5^m,39$ du nord au sud et de $10^m,39$ de l'est à l'ouest; le sol, les murs et le plafond sont formés de blocs de granit parfaitement joints et polis, mais qu'aujourd'hui la fumée des torches a quelque peu ternis. Le cercueil, dont le couvercle et la momie ont disparu, est aussi en granit poli; il a $2^m,27$ de long, $0^m,97$ de large et $1^m,13$ de haut.

Au-dessus de la chambre funéraire, les voyageurs Davison et Wyse ont découvert cinq chambres analogues, exactement superposées, complétement vides, auxquelles nulle galerie ne donne accès et qu'avant eux, et depuis la construction même des pyramides, nul œil humain n'avait contemplées; ils supposent qu'elles ont été ménagées dans la masse uniquement pour diminuer la charge au-dessus du tombeau royal. Je ne suis pas allé les voir.

Mes bédouins s'étendirent avec une visible satisfaction dans les coins de la chambre, tandis que j'examinais à la lueur d'une torche les murailles et le sarcophage, sur lesquels d'ailleurs il n'y a nulle trace ni d'hiéroglyphes ni de sculptures. Tout à coup un bruit épouvantable me fit tressaillir. Je crus que la pyramide s'écroulait sur nos têtes. Je regardai autour de moi; mes guides étaient tranquillement assis dans leurs coins et rien ne bougeait; mais une épaisse fumée de poudre remplissait la chambre. Je savais que les bédouins ont coutume de tirer là un coup de feu en l'honneur des étrangers, tout comme, en pareille occurrence, les gardiens de vieux châteaux font rouler une pierre au fond du puits du manoir; le tout à nulle autre fin que d'obtenir un pourboire un peu plus élevé. Seulement je n'étais pas alors préparé à cette gracieuseté. Ma terreur ne fut pas longue à s'évanouir, et j'étais parfaitement remis, quand les guides se mirent à entonner une sorte de cantique lent et grave. Ils tenaient absolument à gagner leur bonne-main et ils avaient plusieurs cordes à leur arc.

Précédemment le sol de la chambre était

jonché de débris de poterie qu'on faisait payer
au poids de l'or aux touristes crédules. Il est
probable qu'on saura en renouveler la provision; car, quand il s'agit d'extorquer de
l'argent, l'Arabe est ingénieux. Pour peu qu'il
ait affaire à un voyageur inexpérimenté et
curieux d'antiquités, il ne manquera pas de
découvrir dans un coin de la pièce quelque
brimborion venant en droite ligne de ses
poches et dont il se montrera disposé à se
priver... contre payement. Si vous lui faites
quelque objection, il vous renverra à chercher vous-même, ce qui, pour une raison
facile à deviner, sera naturellement illusoire.

Je fis encore tirer un coup de feu, puis je
pris congé de la chambre du roi et redescen-
dis, par la *grande galerie,* jusqu'au palier.
Comme je l'ai dit, un couloir horizontal fort
exigu y débouche juste au-dessous de cette
galerie. Il s'enfonce à 35 mètres et il est tellement étroit qu'on est contraint de ramper
sur les mains et les genoux; on arrive ainsi
à une pièce longue de 6 mètres et large de
5$^m$,50 qu'on appelle la *Chambre de la Reine,*

mais dans laquelle il n'y a jamais eu de sarcophage : elle est complétement vide.

Revenu au palier, je manifestai le désir de descendre dans la galerie verticale connue sous le nom de *Puits*. Mes bédouins essayèrent bien de m'en dissuader en assurant que ce puits était sans fond et que d'ailleurs jamais aucun touriste n'avait eu l'idée d'y descendre. Mais j'avais fait emporter tout exprès du Caire une longue corde et je ne voulus pas abandonner mon projet. Je me nouai un bout de la corde autour des reins, je donnai l'autre à tenir à mes guides, en leur indiquant exactement ce qu'ils auraient à faire, et je me mis en route.

Le puits a environ 70 centimètres de côté. On a fait dans deux des côtés opposés des entailles dans lesquelles on se retient avec les pieds et les mains ; de sorte qu'à vrai dire la descente n'est pas excessivement pénible. Je ne m'étais muni d'une corde que pour le cas où j'aurais manqué une marche et perdu l'équilibre. A 15 ou 20 mètres de profondeur, je trouvai une place plus large, une sorte de chambre où je pris quelques instants de repos, puis je me remis à descendre. A une vingtaine de mètres plus bas — j'étais alors déjà non plus dans la pyramide même, mais dans la terrasse de rocher qui lui sert de support — je me sentis soudain si fatigue qu'il me fut impossible de continuer. J'essayai de me reposer une minute dans une position des plus incommodes, puis de continuer; mais ce fut en vain. « Tirez », criai-je à mes bédouins, et aussitôt ils se mirent à me hisser tout doucement, tandis que je m'aidais des pieds et des mains.

« Avez-vous été jusqu'au fond? me dit le plus vieux, quand je revins sur le palier. — Non. — Je le crois bien, reprit-il en souriant, car il n'y en a point. »

Nous jetâmes dans le trou du papier allumé, puis une de nos torches; mais le tout s'éteignit promptement par suite de la rapidité même de la chute, et nous dûmes renoncer à voir le fond. Pourtant je savais à n'en pas douter qu'il y a tout au bas du puits une chambre. Mes bédouins avaient assisté à mes diverses tentatives avec une sorte de respect. Quand nous nous remîmes en route pour regagner la sortie, mon précédent interlocuteur se rapprocha de moi et me dit avec bonhomie : « Vous pouvez m'en croire, Monsieur, le puits n'a pas de fond. — Mais il faut bien qu'il finisse une fois. — Non, il descend toujours plus bas, toujours plus bas. — Cela est bel et bon, mais toute chose doit avoir un terme. — Toute chose.... doit...? » reprit le vieux en secouant la tête, et il s'accroupit pour entrer dans la galerie. J'avais mal à tous les membres ; cette descente dans un couloir roide et bas me fatiguait excessivement. Je me demandais si nous n'arriverions pas bientôt à l'endroit où commence la montée, quand soudain le vieux qui me précédait se tourna vers moi autant que le permettait l'étroitesse du passage : « Monsieur, me dit-il, si je pouvais monter en l'air au moyen d'une échelle, toujours plus haut, toujours plus haut, croyez-vous que l'ascension aurait aussi un terme ? — Peut-être que non. — N'est-ce pas ? » A ce moment, le premier des guides nous

annonça que nous atteignions le premier bloc
de granit qui barre le couloir. Avouerai-je
que je ne fus pas fâché de cette diversion?
Mon vieux bédouin était décidément un im-
pitoyable logicien, et j'aurais eu peut-être
quelque peine à lui faire comprendre que
la terre a des bornes assez restreintes, com-
parée à l'immensité des cieux.

Je me trouvai mieux dès que nous com-
mençâmes à monter, et surtout quand, revenu
à la lumière, je contemplai l'azur de la voûte
céleste et les rayons dorés de l'astre du jour.
Nous nous donnâmes une heure de repos en
face du magnifique spectacle qui se déroulait
à nos pieds.

Une fois remis et rafraîchis, nous songeâmes à gagner le sommet de la pyramide
en escaladant le gigantesque escalier formé
par ses deux cents assises. Mais on se tromperait fort si l'on se figurait que c'est une
expédition peu fatigante. Les marches ont
de 70 à 80 centimètres de hauteur, de sorte
qu'il faut à chacune prendre un assez vigoureux élan; on ne tarde pas à se lasser de

ce manége. Heureusement, les bédouins vous facilitent puissamment l'ascension; ils montent devant vous en s'aidant de leurs longs bâtons, puis vous tendent la main à droite et à gauche et vous tirent en haut. Quand ils ont affaire à un voyageur très-maladroit ou très-lourd, ils se mettent à deux en avant qui tirent et à un ou deux par derrière qui poussent; si bien qu'en somme tout le monde peut arriver au sommet, pour peu qu'on ait de persévérance.

Nous voici en haut! Quelle merveilleuse vue! D'un côté, la fertile vallée du Nil avec sa luxuriante végétation; de l'autre, le désert qui commence rigoureusement là où s'est arrêtée l'inondation; le dernier brin d'herbe pousse là où la terre a bu la dernière goutte d'eau. A l'ouest, le vide et la mort; à l'est, le pays des merveilles, l'antique berceau des arts et de la civilisation. A nos pieds se déroule un vaste champ de ruines: c'est ce qui reste de Memphis la superbe! Mes bédouins me nomment l'un après l'autre les misérables villages épars au milieu de ces débris du passé. Je les entends à peine; mon esprit est ailleurs; il se reporte de trois mille ans en arrière: c'est l'Égypte de Sésostris, de Ramsès et de Psammétic qui passe devant mes yeux comme un brillant mirage.

Combien de temps dura mon rêve? je ne saurais le dire. Finalement, mes bédouins me réveillèrent en me disant qu'il fallait descendre, si je voulais rentrer au Caire avant la nuit. Je me levai comme une machine. Au moment où je m'apprêtais à partir, l'un des guides me tendit un marteau qu'il portait passé dans sa ceinture. Je ne compris pas tout de suite: ah! oui, un vrai touriste ne s'en va jamais sans avoir cassé de sa main un petit morceau de pierre qu'il puisse montrer à ses amis en leur racontant ses exploits. Je n'ai malheureusement pas du tout cette manie; je rendis le marteau sans m'en être servi. On voudrait, d'ailleurs, emporter un souvenir, qu'il y a là-haut assez de petits fragments déjà détachés. Nous nous amusâmes même à en lancer quelques-uns en bas, mais aucun de nous ne put dépasser le quart de la pyramide.

Mon retour ne présenta aucun incident digne d'être rapporté. A Gizeh je congédiai mes bédouins, et il faisait nuit close quand je fis avec mon ânier ma rentrée au Caire.

Sur tous les points essentiels, les autres pyramides ressemblent à celle qui vient d'être décrite. Dans la seconde, le couloir qui mène à la chambre du roi est si étroit qu'il faut littéralement ramper sur le ventre. Belzoni est le premier, après les Arabes, qui, en 1816, ait pénétré dans l'intérieur. Aujourd'hui elles ont été toutes ouvertes et visitées. La chambre funéraire de la troisième se distingue en ce que les blocs de granit qui en constituent le plafond sont taillés de manière à former une voûte cintrée. Le superbe sarcophage en basalte brun qui s'y trouvait a été enlevé en 1837 par le colonel Howard Wyse et transporté en Angleterre.

## II.

## Une Chasse aux esclaves dans le Soudan[1].

Une chasse aux esclaves est une véritable *guerilla*, dans laquelle les Turcs qui la font et les pauvres noirs contre qui elle est dirigée font assaut de ruse et de cruauté; les uns pour arriver à leurs détestables fins, les autres pour défendre ce que l'homme, quelle que soit sa race, a de plus précieux au monde: sa famille et sa liberté.

Voici comment un major turc dont la véracité n'est pas suspecte me décrivait une de ces expéditions qui ont généralement Khartoun, sur le haut Nil, pour point de départ.

La colonne expéditionnaire est prête; les

---

1. Les principaux traits de ce récit sont empruntés à KLETKE (*Skizzenbuch*), qui lui-même a mis à profit une relation du comte d'Escayrac de Lauture.

armes sont dans le meilleur état; les bêtes de somme et d'attelage sont nombreuses, les soldats eux-mêmes pleins d'entrain. On a chargé sur des chameaux le bagage et les munitions; la troupe n'a presque rien à porter et avance d'un pied léger. On atteint ainsi la limite de la contrée soumise aux Turcs, et l'on entre dans le pays des nègres libres, c'est-à-dire dans des forêts vierges où la hache n'a encore frayé aucun passage. La colonne se divise en plusieurs détachements, qui s'ouvrent à grand'peine un chemin au travers d'épais fourrés de mimosas et des grandes lianes qui s'accrochent d'un arbre à l'autre. La forêt devient de plus en plus sombre. Aucun ennemi ne se montre; les villages qu'on rencontre sont vides et l'on se borne à y mettre le feu. La colonne avance toujours, mais les difficultés vont grandissant. Incapable de supporter le climat au-dessous de 13° de latitude, le chameau tombe, soit sous les piqûres des millions de petites mouches qui s'acharnent après lui, soit empoisonné par le feuillage de certaines plantes. On répartit sa charge entre les soldats, qui par là-même ralentissent leur marche. Ils sont en route depuis bien des jours et n'ont pas encore aperçu un seul ennemi. Cependant de sombres figures suivent pas à pas la colonne. Se glissant le long des arbres, se dissimulant derrière les buissons, des hommes noirs guettent chacun de ses mouvements, évaluent sa force et tiennent leurs tribus au courant de tout ce qui se passe. On finit par apercevoir les espions; on tire dessus et on ne les revoit plus.

Les soldats, déjà harassés de fatigue, continuent à s'avancer dans la forêt. Bientôt ils ne peuvent plus emmener tous leurs canons et en abandonnent successivement tout le long de la route. Enfin ils arrivent à une clairière et songent à y établir leur camp. Après un peu de repos, l'endroit choisi prend la plus grande animation. On abat des mimosas et, de leurs branches épineuses, on fait tout à l'entour du camp une impénétrable palissade. On se serre sur le plus petit espace possible. L'obscurité descend sur la forêt; on place deux par deux, en sentinelle, des soldats égyptiens aguerris. Au silence du crépuscule succèdent les bruits variés des nuits tropicales; on entend le grognement de la panthère, le cri lugubre de la chouette blanche, le coassement de la grenouille, le hurlement de la hyène et, comme une basse continue, le bourdonnement de myriades de moustiques et le vol sourd d'innombrables chauves-souris.

Les sentinelles sont appuyées sur leurs fusils: «N'entends-tu rien, mon frère? le buisson n'a-t-il pas frémi? n'aperçois-tu pas cette forme noire? — Bah! ce sera une hyène; ne tire pas sur elle; qui sait si ce n'est pas un de ces maudits, un sorcier, dont Allah veuille nous préserver! qui a pris la figure d'une hyène? — Maudite soit cette forêt avec tous ses habitants! Mon frère, je ne puis plus tenir les yeux ouverts; je tombe de fatigue; qu'Allah nous protége!»

Le soldat, malgré les cris que lui jettent de moment en moment les autres sentinelles, a peine à résister au sommeil; il ne dort pas, mais il ne voit plus les objets qu'à travers un

brouillard. Il n'aperçoit pas ces hommes noirs
qui s'avancent dans les ténèbres comme des
chats et, rampant sur le ventre, sont déjà
tout près de la palissade. Soudain, il les distingue :

« Dieu est grand, s'écrie-t-il, au secours !
mon frère, au secours ! les nègres !... »

Il n'a pas le temps d'en dire davantage :
une lance lui a percé le cœur. Des milliers de
nègres se dressent devant la palissade, un
long cri de combat retentit dans les airs, et,
en même temps, une pluie de javelots tombe
sur le camp ; les Turcs y sont tellement
pressés les uns contre les autres que chaque
coup porte. Puis on entend des détonations
d'armes à feu, prouvant que le maniement
du fusil n'est plus étranger même aux peuplades noires du Soudan. Les Turcs répondent
aux assaillants par un feu nourri, mais sans
en atteindre aucun ; les nègres, aussitôt après
leur première décharge, se sont abrités derrière les arbres ou dans des replis de terrain ;
dans l'obscurité il est impossible de les viser,
et les balles des soldats sifflent dans les

branches des mimosas à plusieurs mètres au-dessus des têtes des ennemis.

L'aurore met un terme au combat et la lumière du jour vient éclairer le champ de bataille. Bien des soldats n'ont pas fait un seul mouvement; la mort les a surpris pendant leur sommeil. Les uns sont cloués au sol par de longs javelots; les autres, atteints de flèches empoisonnées, ont péri au milieu d'atroces convulsions; d'autres luttent encore avec la mort.

Quant aux nègres, on ne voit pas le long de la palissade un seul de leurs morts. Si quelques-uns d'entre eux ont été atteints, leurs compagnons les ont emportés pour les ensevelir selon le rite de leur tribu ou les livrer aux flots du fleuve saint.

Dans de semblables conjonctures, le chef de l'expédition fait bien d'ordonner la retraite. Ses soldats nègres sont, en cas d'insuccès, fort enclins à se révolter et à déserter, bien qu'en général on prenne la précaution de ne les diriger que contre des tribus pour lesquelles ils nourrissent une inimitié héré-

ditaire et qu'ils combattent moins par obéis-
sance que par haine personnelle. D'ailleurs
l'expédition a à lutter contre un ennemi plus
dangereux encore que les peuplades indigènes : le climat.

Dès le coucher du soleil, l'air est littéralement obscurci par d'innombrables essaims
de moustiques, dont les douloureuses piqûres
ôtent tout repos à l'étranger qui s'est four-
voyé dans ces contrées inhospitalières. Toute
la région qu'arrosent le Nil blanc et le Nil
bleu est en proie à ce fléau, et dans les bas-
fonds marécageux du Bahr-el-Abiad il prend
de telles proportions que les naturels eux-
mêmes dorment sous la cendre, afin de se
mettre à l'abri ; les moustiques, avec leurs
longs et fins suçoirs, pénètrent à travers les
étoffes les plus épaisses jusqu'à la peau de
leur victime , teignent de son sang leurs
corps transparents et causent des ampoules
cuisantes.

Passant tout le jour en mouvement, privé
de repos pendant la nuit, l'homme blanc est
à peu près hors d'état, dans cet infernal pays,

de résister à la fièvre. Il n'a d'autre boisson qu'une eau saumâtre, d'autre nourriture que de mauvais pain ou des racines ; il est bien rare qu'il mange de la viande, car le premier soin des nègres est de cacher leurs troupeaux. Les miasmes empoisonnés des marais et les émanations délétères des forêts exercent sur lui une influence désastreuse. La fièvre pernicieuse ne tarde pas à se déclarer dans les rangs de la colonne expéditionnaire.

Le soldat malade reste couché sur la terre nue, exposé aux ardeurs d'un soleil tropical. Quoique l'astre du jour darde sur lui ses plus chauds rayons, il grelotte comme en plein hiver ; on entend claquer ses dents, on voit trembler ses membres. Puis une épouvantable réaction se produit ; la fièvre le brûle, et le soleil, qui hier ne pouvait pas le réchauffer, ajoute aujourd'hui à son supplice : « Frère, mon frère, une goutte d'eau pour l'amour de Dieu ! » murmure-t-il d'une voix presque éteinte. On lui donne de l'eau, il l'avale avec avidité, pour la rendre un instant après au milieu de crampes violentes. Bientôt il entre en délire; quelques convulsions secouent son pauvre corps décharné, et bientôt la mort met un terme à son supplice.

Les survivants, surexcités par le désespoir, demandent à grands cris qu'on les conduise à l'ennemi. Placés entre une contagion dévorante et les traits empoisonnés de leurs adversaires, ils aiment encore mieux périr dans les émotions du combat. Le fusil ou le yatagan à la main, ils escaladent la montagne que couronne le village des nègres. En route plus d'un soldat tombe sous la flèche silencieuse d'un ennemi invisible. Dans ces luttes-là, les armes à feu et une tactique savante ne servent presque à rien; les soldats nègres, incapables de maîtriser la terreur instinctive que leur inspire la poudre, tirent le plus souvent à tort et à travers en détournant la tête; et, d'un autre côté, dans un combat d'homme à homme, le soldat le mieux rompu à la discipline européenne est presque fatalement battu par le noir, qui dispose d'armes parfaitement appropriées à ce genre d'escrime et qui lutte sur son propre terrain.

III, p. 156.

COMBAT ENTRE LES TURCS ET LES NÈGRES.

Heureux les noirs quand ils parviennent à contraindre l'ennemi à la retraite ! mais malheur à eux quand ils se laissent battre ou surprendre ! Leur village est cerné et envahi. Les soldats s'élancent comme des tigres sur leur proie. Les vieillards, les malades, tous ceux qui sont impropres à l'esclavage sont impitoyablement massacrés ; les femmes subissent d'odieux traitements. Quant aux hommes, on a commencé par les désarmer et leur mettre au cou un lourd carcan, nommé *chéba,* qui les empêche de s'enfuir ; et c'est sous leurs yeux qu'on égorge leurs femmes et leurs enfants, leurs pères et leurs mères. Il faut dire, à l'honneur des blancs, que, dans ces moments-là, ils le cèdent de beaucoup en cruauté aux soldats nègres. Ces hommes plus primitifs deviennent, à la vue du sang et dans l'émotion du combat, de véritables démons et ils apportent un raffinement infernal à l'invention de nouveaux supplices. On passe ensuite la revue des prisonniers ; on les enchaîne en vue du voyage et l'on met le feu au hameau, après avoir rassemblé à la hâte tout le bétail qu'il renfermait. L'exécution achevée, les vainqueurs reprennent, avec leur butin, le chemin de Khartoun, s'ils jugent l'expédition suffisamment fructueuse, ou bien attaquent de la même façon les villages voisins, jusqu'à ce que leur cargaison d'esclaves soit complète à leur gré.

Voilà la chasse aux esclaves, telle que, jusqu'à ces dernières années, le gouvernement turc la pratiquait officiellement dans le Soudan, et telle que la pratiquent encore, à son exemple, toute une série de compagnies de marchands, voire même de peuplades indigènes.

On cite, par exemple, une tribu nomade, celle des *Kababiesch,* qui occupe la région entre Obeïd et le fleuve Blanc et qui tire de la chasse aux esclaves ses principales ressources. Une trentaine d'hommes montent à cheval et se dirigent au grand galop de leurs rapides coursiers vers la montagne. Avant que leur approche ait pu être signalée et que les montagnards se soient mis en état de défense, ils ont déjà fait irruption dans un village, enlevé une douzaine d'enfants et repris le chemin de la plaine. Aussitôt qu'ils sont revenus à leur campement, des marchands d'esclaves s'y rendent et leur achètent leurs prises pour les revendre, à Obeïd, à des Turcs, à des Égyptiens ou à des Nubiens.

En général, les Turcs et les Égyptiens ne maltraitent pas trop leurs esclaves; mais il en est autrement des Nubiens, des habitants du Cordofan, et, il faut bien le dire, des Européens fixés dans ces pays-là, lesquels sont le plus souvent d'une inhumanité révoltante. On ne saurait nier que le nègre, réduit en esclavage, perde successivement toutes les qualités de sa race et devienne un serviteur paresseux, sinon dangereux; son énergie dégénère en entêtement, son intelligence en fausseté, son courage en cruauté; pour un rien, l'ancien guerrier se transforme en assassin. Mais c'est le blanc qui a la responsabilité de cette corruption, et elle n'excuse pas les mauvais traitements par lesquels il cherche à la réprimer.

Dans le Cordofan, notamment, les maîtres

et les esclaves vivent sur un pied de défiance
et d'hostilité telles que tous les esclaves ont
des chaînes aux pieds comme des forçats. On
ne s'imagine pas quelle navrante impression
produit sur les voyageurs européens ce bruit
de chaînes résonnant incessamment dans les
rues de la ville et dans l'intérieur des habitations. Toutes ces précautions n'empêchent
ni les meurtres ni les évasions. Celles-ci
sont même si fréquentes qu'il y a dans le pays
des gens qui font métier de courir après les
fugitifs en suivant la trace de leurs pas et de
les ramener à leurs maîtres, auprès de qui
les attendent les supplices les plus odieux.

# AMÉRIQUE.

# AMÉRIQUE.

___

## I.

### L'Ours gris; ses habitudes. Aventures de chasse[1].

L'ours gris est, sans contredit, de toutes les bêtes féroces de l'Amérique du Nord la plus redoutable, sans en excepter le jaguar ni le congouar. S'il était aussi alerte que le tigre ou le lion de l'ancien monde, il serait encore plus dangereux qu'eux, car il a la force du lion jointe à la férocité du tigre. Mais heureusement le cheval le bat à la course; de sorte que maint homme qui, à pied, n'aurait pas échappé à son atteinte, a dû la

___

1. KLETKE, *Skizzenbuch*, d'après un récit en anglais de Mayne Reid.

vie à la rapidité supérieure de son coursier. Néanmoins, un grand nombre de chasseurs et de trappeurs sont tombés sous la griffe de ce terrible adversaire ou peuvent raconter au prix de quels dangers ils ont fini par sauver leurs jours.

L'ours gris est un animal de grande dimension. On en a tué qui avaient la taille d'un ours blanc de la plus grande espèce ; toutefois on les considère plutôt comme des exceptions : en moyenne ils ne pèsent pas plus de 500 livres. L'ours gris est plus ramassé que le noir et le blanc ; il a les oreilles plus longues, les pattes de devant plus fortes ; malgré la petitesse relative de ses yeux, tout son extérieur est plus farouche. Ses dents sont acérées et puissantes ; mais ce sont ses griffes que redoutent le plus ses adversaires. Solidement fixées à une patte qui laisse parfois dans la neige des empreintes de 30 centimètres de long sur 20 de large, elles ressortent elles-mêmes de plus d'un décimètre, du moins chez les individus de forte dimension ; elles sont crochues et généralement un peu émoussées par le frottement, — car l'ours gris a l'habitude de creuser dans la terre pour y chercher des marmottes, des taupes ou des racines, — mais n'en sont pas moins assez acérées pour arracher du premier coup la peau d'un cheval ou d'un buffle.

La fourrure de la bête est d'un brun grisâtre; on en rencontre aussi de presque blanches, de fauves et de noirâtres, ce qui tient peut-être surtout à la saison où on les observe; en effet, le poil est plus clair, plus long et plus fin en hiver qu'en été.

L'ours gris habite les montagnes Rocheuses depuis leur extrémité septentrionale au bord de la mer Polaire jusqu'à l'endroit où le Rio Grande fait son grand coude vers le golfe du Mexique. Il ne se tient jamais, comme l'ours noir, dans les hautes futaies, car il est hors d'état de grimper sur un arbre; les lieux qu'il préfère sont les fourrés de noisetiers et de groseilliers, dont il goûte à la fois l'ombrage et le fruit, ou encore le bord des cours d'eau où il chasse à sa guise, caché entre les joncs ou les genévriers. Il n'est pas difficile quant

à la nourriture; on peut dire qu'il mange de
tout avec le même appétit. Lorsqu'il a du
poisson, de la viande ou de la volaille, il y
fait honneur; mais au besoin il sait se contenter de grenouilles, de lézards ou d'autres
reptiles. Il aime beaucoup les larves d'insectes qui se trouvent en grande quantité a
la partie inférieure de troncs pourris; aussi,
pour y arriver, le voit-on parfois retourner
des blocs de bois qu'une paire de bœufs aurait de la peine à faire bouger. Il sait extraire,
à la manière du porc, les racines qui sont de
son goût et laboure souvent dans la Prairie
des champs entiers pour en trouver. Il est,
comme son cousin l'ours noir, très-friand de
douceurs et mange avec plaisir toutes sortes de
petits fruits sauvages, des groseilles, des ga-
delles, des sorbes, etc.

L'ours gris n'est pas assez rapide pour attraper à la course des buffles, des élans ou
des cerfs; mais il lui arrive de les prendre
par surprise, et il met à bas, avec ses griffes
puissantes, le buffle le plus vigoureux. Il ne
se fait aucun scrupule de troubler la panthère

au beau milieu de son dîner et de le croquer à sa place. D'autres fois il s'amuse à mettre en fuite des bandes de loups au moment où ils allaient dévorer quelque proie péniblement conquise.

On a essayé d'apprivoiser l'ours gris en le prenant fort jeune; mais jamais on n'y a réussi. A mesure qu'il grandit, ses instincts sauvages se développent; à tel point qu'il a toujours fallu finir par le tuer pour éviter un accident.. Jusqu'à une époque relativement récente, on ne le connaissait qu'imparfaitement, et il était loin de jouir de la réputation que l'ours blanc et l'ours noir doivent depuis longtemps à leurs innombrables exploits; c'est surtout depuis que la fièvre de l'or a attiré des millions d'individus dans les vastes contrées, auparavant désertes, qui séparent le Mississipi de l'océan Pacifique, que l'ours gris a été rencontré fréquemment et joue, dans les aventures des mineurs californiens, un rôle qui ne le cède pas en intérêt à celui des animaux réputés les plus redoutables. On est aujourd'hui tellement édifié sur la puissance de ses griffes que jamais les blancs ne l'attaquent, à moins d'être bien armés et bien montés, et que les Indiens considèrent comme aussi glorieux d'abattre un ours gris que de scalper un ennemi à la guerre. Encore ne l'approchent-ils qu'à condition d'être nombreux et bien préparés à la lutte. Parmi les trappeurs, on tient la rencontre d'un homme seul avec un ours comme équivalente à une rencontre avec deux Indiens ennemis, et l'on a pour principe de l'éviter, pour peu qu'on n'ait pas un excellent cheval ou qu'on ne soit pas absolument obligé de l'affronter faute d'un abri suffisant. Encore un bon cheval n'est-il une garantie de salut que sur un terrain uni. Sur un terrain inégal ou encombré de broussailles, l'ours avance aussi vite que lui.

Un jour, me raconta un vieux chasseur, je vis de mes propres yeux un ours gris mettre à bas d'un coup de griffe l'un des plus rapides coursiers qui aient jamais galopé dans la Prairie; le cavalier ne se sauva qu'en s'élançant sur une branche d'arbre. Comme j'étais tout près, je me hâtai d'accourir et j'envoyai à l'ours une balle qui l'étendit roide mort; mais il était trop tard pour sauver le cheval : l'ours l'avait déjà à moitié écorché et éventré.

Il m'est arrivé à moi-même, continua-t-il, une curieuse aventure près de la Platte, entre le Chimney-Rock et le fort Laramie. Il y a quelques années, je servais de guide à une caravane d'émigrants qui se rendaient dans l'Orégon. Naturellement je tenais toujours la tête de la caravane et quelquefois je la précédais de deux ou trois heures pour chercher un bon campement. Une après-midi où j'avais ainsi pris les devants, je m'étais arrêté à un endroit où il y avait un peu de bois, ce qui est rare dans les environs du Chimney-Rock. Le campement me paraissant excellent, je mis pied à terre et commençai à faire mes petits préparatifs : je débarrassai ma vieille jument de sa selle et l'attachai sur une pelouse où l'herbe me semblait tendre, afin qu'elle pût un peu se refaire avant l'arrivée des autres bêtes de la caravane. Puis, comme j'avais tué en chemin un cerf, je

fis du feu, je mis rôtir une jolie côtelette
et je la mangeai; après quoi, la caravane
n'étant pas encore en vue, je suspendis le
reste de mon cerf à une branche, de manière à le placer hors de la portée des loups,
et je me mis en devoir de battre les environs,
la carabine sur l'épaule. Quant à mon cheval,
qui était fatigué, je le laissai paître tranquillement et m'en allai à pied. C'était bien la
plus grosse bêtise qu'un homme pût faire
dans la Prairie : je ne tardai pas à l'apprendre
à mes dépens.

Je commençai par gravir un coteau d'où
la vue s'étendait au loin : au sud et à l'ouest
descendait une vaste prairie, dans laquelle il
n'y avait que quelques peupliers disséminés.
J'aperçus, à un mille (environ 1,650 mètres)
de l'endroit où je me trouvais, un troupeau
d'antilopes; mais la difficulté était de s'en
approcher, car la prairie était nue comme la
main, sans le moindre buisson pouvant cacher
un homme. Je songeai alors à attirer le troupeau de mon côté et dans ce but je courus
chercher au camp mon *mackinaw* rouge, avec

lequel j'étais bien sûr de les faire venir à moi. Dès que je fus à un demi-mille, je déployai la couverture devant moi comme un rideau et continuai à avancer jusqu'à trois ou quatre cents pas des animaux. Je les observais à travers un trou du mackinaw, et je pus voir qu'à ce moment ils commençaient à manifester quelque étonnement et à courir en cercle. Je fis halte, je suspendis la couverture à une perche dont je m'étais muni à cet effet et que j'eus grand'peine, pour le dire en passant, à enfoncer dans un sol dur comme le roc; puis je m'accroupis derrière, et j'attendis que les antilopes fussent arrivées à portée de carabine.

On sait que ces jolies petites bêtes sont fort curieuses de leur nature; aussi, après qu'elles eurent bondi pendant quelques instants à droite et à gauche, secoué leurs têtes cornues et reniflé dans toutes les directions, l'une des plus grasses de la bande, un jeune mâle de belle venue, s'avança au trot et s'arrêta à cinquante pas. Je le tenais déjà depuis quelques instants au bout de mon fusil; à peine eut-il fait halte, que je pressai la détente et lui envoyai entre les deux yeux une chevrotine qui le fit rouler dans la poussière.

Un chasseur inexpérimenté n'aurait pas manqué de sortir de sa cachette pour aller ramasser sa proie; mais je me gardai bien de bouger, car je n'ignorais pas que tant que les antilopes ne me verraient pas, elles ne se préoccuperaient guère du bruit de mes décharges, et j'espérais bien en abattre encore quelques-unes.

En conséquence, je rechargeai tranquillement mon arme et j'allais tirer une chèvre qui se trouvait à portée, quand soudain le troupeau donna des signes non équivoques de terreur et partit à fond de train comme s'il avait eu une douzaine de loups à ses trousses. Comme j'étais bien sûr de n'être pour rien dans cette fuite imprévue, je ne savais comment me l'expliquer, lorsque j'entendis, une seconde après, une respiration analogue aux toussaillements d'un cheval poussif et j'aperçus, à une centaine de pas derrière moi, le plus bel ours gris que j'eusse vu de ma vie.

ÉVIDEMMENT MA COUVERTURE ROUGE L'INTRIGUAIT....

Je ne vous cacherai pas que j'eus presque aussi peur que les antilopes, et que, n'ayant pas comme elles la ressource d'échapper à l'ennemi par la rapidité de ma fuite, je fus un moment à ne pas savoir comment je me tirerais d'affaire; il n'y avait pas un arbre à un demi-mille à la ronde, et si je m'étais mis à courir, l'ours m'aurait rattrapé en moins de temps qu'il ne m'en faut pour vous le dire.

Avec tout cela, je n'avais guère le loisir de la réflexion; car l'animal s'approchait constamment. Toutefois, à mesure qu'il avançait, il ralentissait son allure; je le voyais s'asseoir tous les trois ou quatre pas sur ses pattes de derrière, se frotter le museau et flairer bruyamment en l'air. Évidemment ma couverture rouge l'intriguait; aussi me cachai-je derrière de mon mieux. Arrivé à dix pas, l'ours s'arrêta, se dressa de nouveau sur ses pattes de derrière et me présenta toute sa large poitrine. Je ne sus pas résister à la tentation : je passai le canon de ma carabine à travers le trou de la couverture et j'envoyai une balle à l'animal.

On n'a, je crois, jamais plus sottement tiré sa poudre aux moineaux que je ne le fis dans ce moment-là. Si je m'étais tenu coi, l'ours, effrayé par la couverture, aurait peut-être passé son chemin ; mais j'avais tiré et, sous l'influence d'une émotion facile à comprendre, si mal visé qu'au lieu du cœur, c'est l'épaule que j'avais atteinte.

Aussitôt qu'il se sentit blessé, l'ours devint furieux, se mit à beugler comme un taureau, se gratta à la place où il avait été touché, puis se précipita sur moi de toute la vitesse de ses quatre pattes. L'affaire prenait une mauvaise tournure ; je jetai loin de moi ma carabine déchargée et je tirai mon couteau de chasse, dans la prévision d'une lutte corps à corps. Pourtant, au moment où la bête allait m'atteindre, je me rappelai soudain comment j'avais vu les matadors mexicains se défendre contre les taureaux en leur jetant sur la tête leur manteau rouge déployé. Avant que l'ours, déjà dressé, eut eu le temps de me saisir, je lui jetai sur la tête mon large mackinaw.

Ma couverture était certainement la plus belle que chasseur ait jamais portée sur l'épaule. Quand il pleuvait, je la mettais comme un *poncho* mexicain et j'y avais pratiqué à cet effet un trou assez grand pour pouvoir passer ma tête au beau milieu de l'étoffe.

Lorsque je vis l'ours empêtré dans la couverture et passant son museau par l'ouverture centrale, je me dis que le moment était venu de s'esquiver; je me glissai prestement derrière son dos et me mis à courir de toutes mes forces dans la direction du campement, qui se trouvait encore à un bon demi-mille. Mais à mi-chemin il y avait un arbre et à la rigueur il suffisait que je pusse l'atteindre pour être sauvé, puisque les ours gris sont hors d'état de grimper.

Pendant les cent premiers pas, je n'osai pas regarder en arrière; mais après je me décidai pourtant, tout en courant, à suivre du coin de l'œil ce qui se passait. Je vis que l'ours se débattait encore dans ma couverture à peu près à la même place que précédemment. Cent ou deux cents pas plus loin, je m'arrêtai un petit moment pour reprendre haleine, et j'eus le spectacle le plus comique qu'on puisse imaginer.

Le gros animal tantôt se dressait sur les pieds de derrière, et alors le mackinaw se drapait sur son corps velu comme une toge, tantôt essayait de se remettre à quatre pattes pour me poursuivre; mais aux premiers pas, il s'embarrassait dans les plis de l'épaisse étoffe, puis culbutait, puis se démenait comme un insensé pour tâcher de se dégager; le tout en grondant et en beuglant comme un buffle en fureur. Vraiment, je ne crois pas avoir jamais vu rien d'aussi amusant.

Mais ce n'était pas le moment de perdre beaucoup de temps à rire, car l'ours pouvait d'un instant à l'autre se défaire de la couverture et alors, soit me rattraper, soit m'obliger à grimper sur l'arbre, ce dont je ne me souciais que médiocrement. Je repris donc ma course et gagnai sans encombre le campement. Mais il n'était pas dit que la maudite bête me coûterait mon beau manteau sans que j'eusse au moins essayé de le lui faire payer. Seller

mon cheval, retourner au galop à l'endroit
où j'avais jeté ma carabine, la charger et
faire front à l'ennemi, tout cela fut l'affaire
de quelques minutes. L'ours était à une centaine de pas de la place où il m'avait abordé,
et la couverture pendait toujours autour de
son cou; mais il ne semblait plus avoir un
vif désir de faire avec moi plus ample connaissance; car à peine m'eut-il aperçu qu'il
essaya de s'en aller. Il me devait une revanche de la peur qu'il m'avait faite; je me
mis donc à sa poursuite et ne tardai pas à
l'atteindre. Cette fois, et sur le dos de ma
fidèle monture, je me sentais tout autrement
à l'aise qu'un quart d'heure avant; ma main
ne tremblait plus; je visai de sang-froid, et
ma première balle lui cassa la tête: il tomba,
toujours drapé dans ma couverture, pour ne
plus se relever.

Mais mon pauvre mackinaw, qui m'avait
coûté 20 dollars! il était en lambeaux! Il
m'a fallu du temps pour me consoler de la
manière dont cette magnifique couverture
avait été abîmée, et je n'y pense pas une fois

sans maudire du fond du cœur le vieux drôle
gris qui me l'a ainsi déchirée.

Voici une autre histoire qui prouve mieux
encore quels dangereux adversaires sont les
ours gris.

Une troupe de blancs et d'Indiens qui se
rendaient à Santa-Fé par les montagnes,
furent surpris dans une étroite et profonde
vallée par une neige tellement abondante et
tellement épaisse qu'avant qu'ils eussent eu le
temps de sortir de la gorge, leur chemin se
trouva barré par des masses de neige de 4
ou 5 mètres de hauteur, sur une longueur qui
défiait toute tentative de percée. En temps
ordinaire, il aurait été possible de se sauver
en escaladant les parois de la gorge ; bien que
très-abruptes, elles présentaient assez d'anfractuosités pour qu'un montagnard aguerri pût
y trouver les points d'appui nécessaires ; mais
la glace et la neige avaient rendu cette voie
absolument impraticable. Ne pouvant ni s'é-
chapper par les côtés ni se frayer un passage à travers la neige, on essaya de passer

par-dessus; mais elle se trouva beaucoup trop molle, et deux hommes qui étaient partis en éclaireurs y disparurent sans qu'il fût possible de leur porter secours.

La caravane, bloquée sur un petit plateau de deux ou trois arpents d'où le vent ne cessait de chasser la neige, dut donc se résigner à attendre immobile qu'un changement de temps la délivrât de sa prison. Malheureusement sa situation était déplorable. Elle avait bien trouvé sur le plateau une cinquantaine de pins rabougris pour alimenter des feux; mais elle manquait à peu près complétement de vivres ou du moins elle épuisa en deux jours le peu de provisions dont elle était munie, et, le troisième jour, c'est à peine s'il resta pour les femmes quelques débris de poisson sec; les hommes dévorèrent, faute de mieux, les fourres de peau qui recouvraient leurs fusils et les gaînes de leurs cartouchières.

Un instant, raconte un témoin oculaire, une lueur d'espérance vint illuminer les visages hâves et découragés de toute la bande:

«Le temps s'éclaircit un peu», s'était écrié le trappeur Garcy en montrant l'orient. Effectivement, le ciel de plomb qui écrasait nos têtes commençait à se déchirer; une traînée lumineuse paraissait à l'horizon; la neige tombait moins intense et, deux heures après, elle cessa même complétement. Nous nous levâmes, à huit ou dix, d'auprès des feux et, le fusil sous le bras, nous nous dirigeâmes vers le bas de la vallée pour tâcher de nous frayer une voie. Mais la neige était encore à hauteur d'homme, et après deux heures de travail, nous n'y avions pas fait une trouée de deux cents pas. De quelque côté que se portât notre regard, nous avions devant nous la même masse impénétrable. Brisés à la fois par le désespoir et la faim, nous renonçâmes à notre tentative et retournâmes au campement.

Garcy seul continua à se promener en long et en large, s'agenouillant de temps en temps et passant sa main sur la neige. Enfin il s'approcha du feu: «Il commence à geler, dit-il. — Eh bien, après? — Après? dans

quelques heures le sol aura durci et nous
pourrons sortir de cette souricière.» Godé,
un Canadien qui connaissait bien la neige, se
leva aussitôt, monta sur une petite éminence,
passa la main sur la crête, et confirma l'opi-
nion de Garcy. Peu après s'éleva un vent
froid et nous songeâmes à ranimer les feux,
que dans notre découragement nous avions
peu à peu laissé tomber. Les Delawares sai-
sirent leurs tomahawks et se mirent à abattre
des pins, tandis que d'autres traînaient vers
le campement le bois coupé et détachaient
les branches avec leurs couteaux.

Au même moment, un cri particulier appela notre attention et, en nous retournant,
nous vîmes un Indien agenouillé frapper la
terre à grands coups de hache. «Qu'y a-t-il?
s'écrièrent à la fois cinq ou six voix, en
presque autant de langues différentes. —
Yam-yam! yam-yam! repartit l'Indien en
continuant son manége. — C'est vrai, dit
Garcy, après avoir examiné quelques-unes
des feuilles détachées par le Delaware; c'est
une *racine-homme.*» Je reconnus une plante

comestible bien connue des montagnards, l'igname (*Dioscorea*), qui doit son nom vulgaire de racine-homme à cette circonstance que sa racine a souvent, par sa forme et sa grosseur, quelque analogie avec un corps humain. Cette racine est très-bonne à manger.

Aussitôt une demi-douzaine d'hommes se mirent à piocher à côté de celui qui avait fait la découverte ; mais leurs haches glissaient comme sur un roc. « Vous ne faites qu'abîmer vos instruments, cria Garcy ; vous feriez bien mieux d'abattre un ou deux jeunes pins et d'allumer du feu au-dessus de la racine. » On suivit aussitôt ce conseil ; car, si la racine était mûre, elle devait fournir à tout le monde un souper copieux, ce qui, dans l'état de pénurie où nous nous trouvions, ne pouvait pas nous laisser indifférents.

Tandis que le feu flambait et ramollissait la terre tout à l'entour, nous entendîmes un bruit sourd semblable à celui que produit la chute d'un arbre mort. Nous levâmes les yeux : un gros animal dégringolait, en tournoyant, depuis une espèce de plate-forme qui se trouvait au milieu de la paroi de la gorge. Sa tête toucha la terre avec grand bruit, l'animal rebondit à plusieurs pieds en l'air et, après une culbute, se releva et nous regarda d'un air effaré : c'était un beau bouquetin (*Carnero cimmaron*), qui avait franchi le précipice en deux bonds, retombant chaque fois sur ses grandes cornes arrondies.

Aussitôt dix carabines le couchèrent en joue; mais il n'avait pas fallu plus de temps au bouquetin pour rejeter ses cornes en arrière et détaler; en quelques bonds, il atteignit la paroi de neige et s'enfonça dedans. Mais plusieurs d'entre nous avaient eu le loisir de lui envoyer leurs chevrotines; la neige rougie nous prouva qu'ils ne l'avaient pas manqué, et nous nous mîmes en devoir de le poursuivre. A cinquante pas de là, nous le trouvâmes sans vie.

Nous nous mettions en devoir de le traîner au camp, lorsqu'une clameur épouvantable se fit entendre : c'était un mélange de hurlements, d'imprécations, de cris de terreur. Nous nous hâtâmes de sortir de la neige; un spectacle bien fait pour émouvoir les plus courageux s'offrit à nos regards : cinq ours gris se profilaient en un rang sur la crête du rocher, et il était plus que probable qu'ils n'étaient pas seuls.

Deux d'entre eux, que la poursuite du bouquetin avait évidemment amenés là, étaient couchés tout au bord de l'abîme, ayant l'air de tâter le sol avec leurs pieds de devant et de chercher un endroit pour descendre. Les trois autres, assis sur leurs pattes de derrière, gesticulaient avec vivacité. Dans toute autre situation, leur pantomime nous aurait sans doute beaucoup amusés ; mais, bloqués et affaiblis par la faim comme nous l'étions, c'est surtout le côté critique de l'aventure qui nous frappa : aussi notre premier mouvement fut-il de nous armer et de recharger nos carabines.

« Ne tirez pas, si vous tenez à la vie », cria Garcy en arrêtant de la main l'un des chasseurs. Malheureusement l'avis arrivait trop tard ; au même instant une demi-douzaine de balles allaient chercher l'ennemi au haut de

III, p. 191.

UN SOUPER DONT LE CINQUIÈME OURS FIT LES FRAIS.

son rocher. Il n'en fallait pas tant pour vaincre la salutaire indécision dans laquelle il était encore. Les cinq ours, rendus furieux par cette décharge, se mirent tous ensemble à descendre dans le creux où nous nous trouvions.

Une émotion indescriptible s'empara de la caravane; on se donna à peine le temps de cacher les femmes tant bien que mal; plusieurs poltrons prirent le même soin pour eux-mêmes, et nous restâmes à une douzaine pour soutenir l'effort de nos terribles assaillants; nous savions que, si nous ne nous battions pas pour tous, aucun de nous ne serait assez bien caché pour se soustraire aux poursuites des ours.

Nous fîmes plusieurs décharges sur les animaux pendant qu'ils descendaient; mais, soit que leurs brusques mouvements eussent pris les tireurs en défaut, soit que, perclus par le froid et la faim, nous eussions mal visé, aucune de nos balles ne fut mortelle, et nous n'arrivâmes, en blessant légèrement nos adversaires, qu'à les rendre plus furieux.

Une fois le dernier coup de feu tiré, nous jetâmes nos carabines, saisîmes nos haches et nos coutelas et attendîmes l'ennemi en silence. Nous nous étions placés tout près du rocher, dans le but de commencer l'attaque au moment où la plupart des ours, descendant à reculons, nous présenteraient le dos. Mais il est probable qu'ils se doutèrent de notre dessein, car, arrivés au dernier échelon, à 3 mètres du sol, ils firent brusquement volte-face et se jetèrent au milieu de nous.

Je ne décrirai pas l'affreuse mêlée qui suivit. Hommes et bêtes roulaient les uns sur les autres dans cette lutte à mort, rougissant la neige de leur sang et poussant des cris sauvages. Tantôt deux ou trois hommes faisaient face au même ours, tantôt un intrépide combattant tenait tout seul tête à son adversaire. Plusieurs d'entre nous avaient déjà mordu la poussière, et les ours nous décimaient, sans que nous eussions encore pu en abattre un seul.

J'avais été jeté par terre dès le commencement de la bataille. Quand je me relevai, je vis l'ours qui m'avait renversé occupé à travailler de ses pattes de devant le corps d'un autre homme qui était étendu devant lui : c'était Godé. Je m'accrochai à la fourrure de la bête, et, me hissant le long de son dos, je lui plantai mon coutelas entre les côtes. L'ours se retourna alors contre moi et voulut me saisir ; mais je ne tenais point du tout à cette rencontre, de sorte que je reculai en le maintenant à distance avec mon coutelas. Malheureusement mon pied heurta contre un tas de neige, je tombai en arrière, et je sentis aussitôt un corps pesant se précipiter sur moi et des griffes aiguës s'enfoncer dans mes épaules. De ma main droite restée libre, je continuai à manœuvrer avec mon coutelas et nous roulâmes plusieurs fois l'un sur l'autre sur la neige. Cependant je sentais que le sang que je perdais m'affaiblissait de plus en plus ; je n'apercevais plus qu'à travers un brouillard les objets qui m'entouraient ; je poussai un grand cri de désespoir. Soudain un crépitement singulier se fit entendre ; il me passa devant les yeux comme un éclair, et un objet enflammé effleura mon visage en me brûlant

la peau. Je sentis une odeur de poils brûlés;
plusieurs voix se mêlèrent aux hurlements de
l'ours, et tout à coup mon adversaire lâcha
mon épaule, débarrassant en même temps
ma poitrine de son horrible poids : j'étais
seul! Je me levai aussitôt, j'essuyai mes yeux
pleins de neige, et regardai tout autour de
moi ; mais je ne voyais rien, je me trouvais
au fond d'une excavation qui, par l'effet du
combat, s'était formée dans la neige et dont
les parois étaient teintes de sang. Qu'était devenu l'ours et comment en avais-je été délivré? C'est ce que je ne pouvais m'expliquer.

Je sortis tant bien que mal de mon trou,
et, tout d'abord, un étrange spectacle frappa
mes regards : un homme que je ne reconnais-
sais pas courait çà et là brandissant dans l'air
un énorme tison, le tronc enflammé d'un de
nos pins. Il était occupé à pourchasser un
ours qui, grondant de colère et de douleur,
s'efforçait de regagner les rochers; deux autres ours étaient déjà parvenus à mi-chemin
de la paroi verticale par où la bande avait fait
irruption au milieu de nous et continuaient

à la gravir aussi rapidement que le leur permettait le sang qu'ils perdaient en abondance.
Le troisième ours ne tarda pas à les rejoindre.
Aussitôt qu'il fut hors de portée, l'homme au
brandon se dirigea vers une quatrième bête,
contre laquelle deux ou trois des nôtres lut-
taient encore péniblement et qui, en un clin
d'œil, prit la fuite dans la direction de ses
camarades. Il chercha alors notre cinquième
adversaire, mais en vain : le sol était jonché
de blessés, mais l'ours était devenu invisible ; évidemment il s'était sauvé à travers
la neige.

J'en étais encore à me demander qui pouvait être l'homme héroïque qui nous avait
ainsi délivrés de nos ennemis et d'où il était
sorti : il ne ressemblait à aucune des personnes de notre troupe ; son crâne, complétement dénudé, était poli comme de l'ivoire ;
je me perdais en conjectures. Soudain, Garcy,
qu'un vigoureux coup de patte avait jeté par
terre, se releva en criant : «Bravo, docteur !
trois hourrahs pour le docteur !»

Je reconnus alors effectivement les traits

du personnage que l'absence des belles bou-
cles brunes que nous lui voyions toujours
avait si complétement changé : « Voilà votre
scalp, docteur! lui dit Garcy, en lui rapportant
sa perruque; ma parole d'honneur! nous vous
devons la vie; » et il le pressa dans ses bras.

Peu à peu les blessés se ranimèrent et se
groupèrent; mais le cinquième ours, par où
avait-il passé? Il ne s'en était pourtant sauvé
que quatre par les rochers.

« Tenez, c'est là qu'il est, s'écria un Indien, en nous montrant un léger tourbillon
de neige; c'est évidemment la trace d'une
bête qui se débat dans la neige.» Quelques-
uns d'entre nous chargèrent leurs carabines
pour aller à la poursuite de l'ours et tâcher
de s'en rendre maîtres; de son côté, le docteur
s'arma d'un nouveau tison. Mais avant que
tous ces préparatifs fussent achevés, un cri
particulier, parti de l'endroit indiqué, nous
glaça le sang dans les veines. Les Indiens se
jetèrent sur leurs tomahawks et s'élancèrent
vers la gorge. Ils avaient reconnu le cri de
mort de leur tribu. Les blancs dont les cara-

bines étaient prêtes les suivirent. Mais bien avant qu'ils fussent parvenus à l'endroit d'où le cri était parti, nous vîmes le tourbillon de neige s'affaisser lentement et nous en conclûmes que le combat devait avoir cessé. Quelques instants après, un chant grave et triste, le chant qu'entonnent les guerriers Shawanees sur la dépouille mortelle des gens de leur tribu, nous apprit que le secours était arrivé trop tard au pauvre Indien. Ils l'avaient trouvé mort; mais avant de rendre le dernier soupir, il avait encore eu le temps de plonger son coutelas dans le cœur de son horrible adversaire.

Les affreuses émotions que nous venions de traverser nous faisaient éprouver à tous un impérieux besoin de repos; après un souper dont le cinquième ours fit les frais, nous nous endormîmes profondément, et le lendemain, à notre réveil, nous eûmes la joie de trouver la neige assez consolidée par la gelée pour qu'il nous fût possible de sortir de la prison où nous avions doublement failli trouver la mort.

## II.

## Les Charmeurs de serpents dans l'Amérique du Sud[1].

Toutes les contrées chaudes de l'Amérique sont infestées par de nombreuses variétés de serpents venimeux. Aussi les Indiens, qui les parcourent nu-pieds, ont-ils depuis longtemps cherché des remèdes contre la morsure de ces reptiles. Le plus efficace de tous est une plante nommée *guaco*, dont les feuilles constituent un excellent contre-poison. Le guaco est une espèce de saule dont le feuillage vert sombre a des reflets violets et dont les fleurs forment des panaches jaunes. Il croît à l'ombre d'autres arbres, sur le bord des cours d'eau, et ne se

1. Kletke, *Reisebilder*, d'après une relation publiée par l'*Ausland*.

rencontre point sur les plateaux plus élevés, où il n'y a point de serpents.

Le contre-poison consiste en un suc extrait des feuilles ou en une infusion de ces mêmes feuilles. On peut l'employer, soit pour se guérir, soit pour se prémunir ; car il détruit l'effet du poison qu'on a absorbé tout comme il permet de se faire mordre impunément par les serpents les plus redoutables.

Ces propriétés remarquables ont longtemps été tenues secrètes ; elles n'étaient connues que d'un petit nombre d'indigènes, qui se faisaient payer fort cher les cures qu'ils opéraient et les expériences de domptage de serpents auxquelles ils se livraient pour amuser les curieux. Aujourd'hui tout le monde, en Amérique, connaît les vertus du guaco, et il n'y a plus que les étrangers ou les voyageurs que ses effets puissent encore surprendre.

Me trouvant, le mois dernier, à Margarita, raconte un voyageur, j'entendis parler de cette plante et fus curieux de m'assurer par moi-même de ses propriétés. L'un des esclaves de la ville s'était fait un grand renom comme charmeur de serpents. Comme son maître était de mes amis, il ne me fut pas difficile d'obtenir du sorcier une séance d'expériences. Effectivement, le lendemain, le nègre entra dans ma chambre tenant dans les mains une paire d'aspics de l'espèce qui passe à la fois pour la plus belle et la plus venimeuse. Bien qu'il eût les bras et les mains complétement nus, il maniait les serpents, les tournait et les retournait autour de ses poignets sans laisser voir l'ombre d'une préoccupation. Je m'étais d'abord imaginé qu'il avait arraché aux deux animaux leurs crocs venimeux; mais je fus bientôt détrompé, car le nègre leur ouvrit la gueule, m'en montra l'intérieur, et les dents étaient bien à leur place. Seulement, le serpent ne faisait pas la moindre tentative de s'en servir; bien loin de paraître en colère contre le nègre, qui le manipulait assez rudement, il semblait au contraire avoir peur de lui.

Afin d'arriver à une certitude absolue, je fis amener dans la chambre un gros chien de berger qu'on attacha solidement à portée du reptile. Au bout d'un instant le serpent le mordit à la nuque. Le chien parut d'abord ne rien éprouver et sortit tranquillement de l'appartement; mais, à peine dehors, il tomba par terre, se roula sur le sol en rendant de l'écume par le nez et la bouche, et un **quart** d'heure après, il était mort.

Ma curiosité se trouvant vivement surexcitée, j'offris au nègre une assez forte somme en échange de son secret, et il s'éloigna en me promettant de me le livrer. Il revint le lendemain avec une poignée de feuilles que je reconnus pour appartenir au *Béjuco de guaco*. Après les avoir triturées entre deux pierres, il les mit dans un pot et versa un peu d'eau dessus. Quand l'infusion lui parut à point, il me pria d'en avaler deux cuillerées. Puis il me fit, aux mains et aux pieds, à la séparation des doigts, trois petites entailles et m'inocula de l'extrait de guaco; il répéta l'opération sur le côté gauche et le côté droit de la poitrine, et me déclara que j'étais maintenant prémuni contre toute morsure de serpents. En même temps il me tendit des aspics et des crotales, qu'il avait eu soin d'apporter.

Malgré tout le désir que j'avais de devenir un charmeur de serpents, j'avoue franchement qu'à l'aspect de ces affreux reptiles le cœur me manqua. Mais le nègre m'accabla de telles protestations, qu'après lui avoir signifié qu'en cas d'accident il payerait ma vie de la sienne, ce dont il ne parut pas s'émouvoir du tout, je me décidai à saisir d'une main tremblante l'un des aspics et à le laisser couler entre mes doigts. En effet, la bête ne fit pas mine de vouloir mordre et me parut plutôt effrayée tandis qu'elle glissait autour de ma main. Cette première expérience me donna du courage; je pris un second, puis un troisième serpent, de manière à en avoir à la fois trois sur moi. Puis je les déposai et saisis un serpent à sonnettes. Celui-là se montra un peu plus frétillant, mais sans manifester non plus aucune colère. Après avoir joué avec lui pendant quelques minutes, je le tenais à peu près par le milieu du corps, quand soudain je le vis dresser la tête et s'élancer comme une flèche vers mon bras gauche. Je sentis que j'étais mordu et, jetant le serpent loin de moi, je me retournai, en proie à une inquiétude mortelle, du côté de mon professeur.

Le nègre, qui avait contemplé la scène les bras croisés, ne manifestait pas la moindre émotion. A mes questions désolées, il répondit tranquillement que j'avais grand tort de me tourmenter ainsi, qu'il n'y avait pas l'ombre de danger, que cette morsure ne tirait pas plus à conséquence qu'une piqûre de moustique. Ce qui me calma autant que ces paroles, ce fut la parfaite placidité de son attitude; toutefois, pour plus de sûreté, j'avalai encore une gorgée d'infusion de guaco et j'attendis, quelque peu tremblant, la suite de l'aventure. Peu de temps après, je remarquai autour de la blessure une légère enflure; mais il ne fallut que quelques heures pour la faire disparaître et je n'éprouvai, en somme, aucune espèce d'incommodité.

Plus tard, il m'arriva souvent de renouveler l'expérience avec des serpents que j'avais trouvés moi-même dans les bois, même avec les variétés les plus venimeuses, et cela, sans avoir pris d'autre précaution que d'avaler un peu d'infusion de guaco ou mâché quelques feuilles de la plante. C'est aujourd'hui un préservatif universellement employé par ceux que leur profession ou leurs goûts appellent à circuler dans les épaisses forêts de l'Amérique du Sud, et jamais il n'a manqué son effet. On ne saurait dire combien d'hommes lui doivent la vie.

Les Indiens racontent une jolie légende à propos de la découverte des propriétés médicinales du guaco. Il existe dans les terres chaudes, disent-ils, un oiseau de proie, nommé *gavilan*, qui se nourrit principalement de serpents. Quand cet oiseau est en chasse, il pousse un cri aigu qui peut se traduire par les syllabes *guaco* prononcées lentement. Les Indiens prétendent qu'il appelle par là les serpents, sur lesquels il possède un pouvoir mystérieux, et qu'il parvient à les faire sortir de leurs retraites les plus cachées. Voilà la légende, mais ce qui suit se rapproche peut-être beaucoup de la vérité. En effet, les indigènes ajoutent que le gavilan, avant de saisir un serpent, mange chaque fois une feuille du *Béjuco de guaco*. De l'observation de ce fait on a sans doute conclu que la plante contenait un contre-poison, et l'expérience est venue confirmer cette présomption.

## III.

## Une Chasse aux castors[1].

La civilisation, dans le vaste continent américain, s'avance à pas de géant vers l'ouest; il est telle contrée où, vers 1830, on chassait encore l'ours noir et le castor, et où des villes florissantes s'élèvent aujourd'hui, au grand désespoir des trappeurs, dont le domaine se restreint en même temps que celui des Indiens.

Je rencontrai, il y a quelques années, dans une excursion sur les bords du Mississipi, un vieux trappeur dont les cheveux avaient blanchi au milieu des privations et des dangers. L'habitude d'une vie aventureuse était

1. D'après B. Mœllhausen, *Wanderungen durch die Prairien und Wüsten des westlichen Nord-America*. Leipsick, 1860, 2ᵉ édition.

devenue pour lui une seconde nature ; aussi les coups de cognée dans les forêts vierges lui étaient-ils en horreur, et son cœur saignait à constater la diminution des buffles dans les prairies herbeuses et la disparition presque complète des colonies de castors.

C'est avec un mélange de volupté et d'attendrissement qu'il rappelait les temps où Saint-Louis n'était qu'une chétive bourgade. Alors, aucun bateau à vapeur ne se frayait passage à travers les amas de troncs flottants qui encombraient le Mississipi et le Missouri ; et il fallait des mois à un léger canot pour parcourir les longues distances que l'on franchit maintenant en quelques jours.

Je me plaisais à l'entendre raconter les périlleuses aventures de sa vie passée et je le mettais fréquemment sur ce chapitre. Un jour qu'il était tout particulièrement en veine de causerie, il me fit d'une des expéditions de sa jeunesse un récit si saisissant que je veux essayer de vous le redire.

On était aux premiers jours de juin, et Pierre, qui était alors dans toute la force de l'âge, achevait, avec trois de ses camarades, ses préparatifs de départ pour la petite colonie de Saint-Louis. Ils étaient, tous les quatre, des trappeurs libres, c'est-à-dire indépendants des grandes compagnies établies pour le commerce des fourrures. Tous les ans ils allaient chasser l'ours et le castor ; puis, leur campagne terminée, ils chargeaient leur butin sur deux canots liés ensemble et formés de troncs d'arbres évidés, descendaient ainsi le Mississipi ou le Missouri et cherchaient à se défaire de leur marchandise, aux meilleures conditions possibles, dans les entrepôts de fourrures les plus voisins.

Bien que partant pour plusieurs mois, nos trappeurs ne s'encombraient pas d'un bagage considérable. Un cheval de selle pour chacun, une grosse couverture de laine, assujettie sous la selle, et deux chevaux de somme portant les munitions, les piéges à castors, un tonnelet d'eau-de-vie et une bonne provision de tabac constituaient tout leur équipage. Ils remontaient ainsi le Mississipi, de manière à atteindre avant l'automne la région du lac

Pepin et des cataractes de Saint-Antoine, dont presque tous les cours d'eau sont peuplés de loutres et de castors. J'ai à peine besoin de dire qu'à cette époque il n'existait encore dans ces parages ni ponts ni bacs: quand il y avait un torrent, voire même un fleuve, à traverser, il fallait le passer à gué ou à la nage, en s'aidant de quelques troncs d'arbres flottants. Néanmoins ils avançaient rapidement, et notamment l'année dont me parlait Pierre, ils avaient laissé derrière eux Rock-Island, puis la Prairie du Chien, et atteint le lac Pepin avant la fin de l'été. A partir de cet endroit-là, ils devaient changer leur manière de voyager, afin de découvrir un endroit où ils pussent encore tendre des piéges avec succès, lorsqu'ils s'en retourneraient vers la fin de l'automne.

Dans le plus proche village des Indiens-Chippeways, ils troquèrent leurs chevaux contre une barque en écorce de bouleau et des fourrures de prix. On dissimula le baril d'eau-de-vie, sous les peaux de loutres et de castors, dans un petit coin de la barque de bouleau;

et à la voir glisser sur les flots, obéissant au moindre coup d'aviron, on eût dit que le poids même des quatre chasseurs ne lui faisait rien perdre de sa légèreté; il est juste de dire que jamais le Mississipi n'avait vu lutter contre son courant des rameurs plus vigoureux, plus habiles à éviter les rapides et à rester dans les eaux tranquilles le long de la rive. Tout en s'avançant vers les chutes de Saint-Antoine, on explorait soigneusement l'embouchure de toutes les petites rivières qui viennent se jeter dans le fleuve. Toutefois nos trappeurs avaient dépassé la rivière de Saint-Pierre sans rencontrer aucune trace de loutres ou de castors, et le murmure lointain des grandes cataractes parvenait déjà à leurs oreilles, lorsqu'ils remarquèrent un ruisseau, venant de l'ouest, et dont le lit était presqu'à sec. Ils s'y engagèrent aussitôt, et sans aller fort loin, découvrirent une étroite vallée où les eaux, retenues par des digues de castors, formaient une espèce de lac soigneusement encaissé. L'aspect d'arbres fraîchement entamés par la dent de ces rongeurs, et surtout une série de huttes émergeant de la surface des eaux, les convainquirent qu'ils venaient de trouver pour leur chasse d'automne un quartier général tout à fait propice. Ils battirent tous les environs et à leur grande joie n'y découvrirent aucune trace de Peaux-Rouges.

Après mûre délibération, ils résolurent de laisser encore un mois de répit à la république des castors, — ce qui ne pouvait qu'augmenter la valeur de leurs fourrures, — et d'aller chasser pendant ce temps au-dessus des cataractes. Ils choisirent en conséquence une place bien sèche, y creusèrent un grand trou, une *cache*, selon l'expression usitée, et y enfouirent le tonnelet d'eau-de-vie, ainsi que les peaux acquises chez les Chippeways; puis la terre inutile fut soigneusement transportée sur le rivage et jetée dans l'eau, et le magasin aux provisions si artistement recouvert de gazon et de pierres que l'Indien le plus rusé n'y aurait pas flairé la présence d'un trésor.

Le canot se trouvant allégé d'autant, et les quatre compagnons n'ayant plus avec eux que le strict nécessaire, avancèrent si rapidement sur le fleuve que bientôt ils atteignirent les cataractes. Arrivés là, ils chargèrent leur embarcation sur leurs épaules, et longèrent à pied les rapides jusqu'à l'endroit où les eaux, reprenant un cours plus tranquille, leur permirent de se rembarquer sans danger.

Comme ils possédaient déjà dans leur cache un riche butin et qu'ils laissaient derrière eux une belle colonie de castors, ils étaient moins avides de chasse qu'à l'ordinaire, et c'était surtout pour passer leur temps qu'ils poursuivaient le gibier dans les fourrés à droite ou à gauche du fleuve.

Un jour, à quelques milles à peine au-dessus des cataractes, comme ils se sentaient pressés par la faim, ils se décidèrent à aborder de meilleure heure que de coutume, afin de se restaurer par un morceau de cerf grillé et de faire ensuite leur sieste sur l'herbe molle.

Pierre et l'un de ses compagnons s'étant chargés d'apprêter le repas, les deux autres trappeurs mirent, en attendant, le fusil sur

l'épaule pour aller battre les alentours. C'est
une précaution qu'on ne néglige jamais dans
ces contrées, quand on tient à éviter les
embuscades et les surprises désagréables.

Un petit feu de bois sec pétilla bientôt, sans
répandre la moindre fumée qui eût pu trahir
au loin la présence des trappeurs ; Pierre
embrocha les quartiers de viande dans des
baguettes artistement rangées autour du foyer,
et il en surveillait le rôtissage avec l'attention
d'un cuisinier consommé, tandis que son
compagnon était occupé à plumer un gros
dindon destiné à servir de complément au
festin. Tout à coup on entend au loin un coup
de fusil, puis un second.... les deux chasseurs
prêtent l'oreille ! « Monte sur un arbre, pour
voir ce qui se passe, » dit Pierre à son camarade. Aussitôt dit, aussitôt fait. John, armé
de son fusil, grimpe comme un écureuil sur
un érable à sucre et disparaît dans son feuillage touffu.

A peine a-t-il jeté un coup d'œil autour de
lui, qu'il s'écrie avec angoisse : « Pierre,
sauve-toi ! » — Pierre ramasse à la hâte

fusil et cartouchière, les jette dans le canot, s'y précipite lui-même, et, le repoussant du rivage par un effort vigoureux, gagne le courant au moment même où une bande d'Indiens sortait du fourré et s'élançait vers lui.

Malheureusement les rames étaient restées sur la rive, et les sauvages s'en étant aperçus, quatre d'entre eux se jetèrent à la nage à la poursuite du fugitif en poussant des hurlements affreux.

Le courant emportait rapidement le léger esquif, mais les Peaux-Rouges la gagnaient de vitesse; chaque brasse les rapprochait de la petite embarcation, et les Indiens, qui suivaient de loin sur le rivage, faisaient déjà entendre des cris de triomphe.

Pierre ne perd pas un seul instant des yeux les mouvements de l'ennemi; il attend avec un merveilleux sang-froid le moment propice, et quand il est sûr de son coup, il vise et fait feu.... L'Indien menacé plonge pour échapper à la balle meurtrière... mais c'est en vain, elle lui brise le crâne. Le malheureux se soulève encore une fois au-dessus des flots, par un suprême effort; puis il disparaît en laissant une trace sanglante à la surface des eaux.

Des lamentations de fureur retentissent sur la rive; les trois survivants, acharnés à la poursuite du trappeur, y répondent par des hurlements féroces. Deux d'entre eux touchent au canot et s'y cramponnent avant que Pierre ait pu tirer son second coup.

Il n'y avait pas de temps à perdre; le trappeur laisse tomber sa carabine, saisit son couteau et le plonge dans la gorge de son ennemi le plus rapproché. Le râle du mourant s'éteint dans les flots; mais son compagnon profite du moment où Pierre s'incline pour frapper encore, il le saisit à la gorge et, l'étreignant avec vigueur, l'entraîne de tout le poids de son corps.

L'infortuné trappeur, à demi suffoqué, commence à perdre ses sens... Ses bras, sur lesquels il s'appuyait pour maintenir la barque en équilibre, se détendent; sa main laisse glisser le couteau....

Le canot penchait très-fort; le sauvage, s'efforçant d'y monter, pose sur le bord son genou nu; tout son corps s'y appuie déjà... Mais, au moment suprême, le genou mouillé glisse, le corps retombe dans l'eau, la main qui étreignait le trappeur à la gorge s'entre-ouvre un instant par suite de la secousse, et Pierre, profitant de cette seconde de répit, rassemble ses forces défaillantes et plonge son couteau dans la poitrine de son troisième ennemi au moment même où le quatrième mettait à son tour la main sur le bord du canot.

Il ne lui restait donc plus que ce seul adversaire; mais il n'eut pas à se défendre contre lui: l'Indien, redoutant une lutte inégale, se hâta de regagner le rivage, pour raconter au reste de la troupe le sort lamentable de ses compagnons et venger leur mort sur les deux trappeurs qui étaient tombés les premiers entre les mains de la bande. Quant à la proie qu'ils abandonnaient, ils la savaient rapidement entraînée vers les cataractes et vouée à une mort certaine; ils pouvaient donc se consoler de la voir échapper à leurs poursuites.

Pierre reporta tout de suite son attention sur sa frêle embarcation, qui glissait sur les flots avec la rapidité de la flèche et dont, sans rames, il était à peu près hors d'état de modérer la vitesse. Le premier objet qui frappa ses regards fut le visage horriblement contracté du troisième Indien, qui s'était cramponné au canot dans les dernières convulsions de l'agonie; la mort l'avait surpris dans cette étreinte, et ce ne fut pas sans peine que Pierre parvint à le détacher. Mais s'il était momentanément délivré des sauvages, il le savait, un autre danger plus redoutable peut-être se dressait devant lui. Les cataractes n'étaient pas loin, et il était emporté vers l'abîme avec une rapidité vertigineuse; il lui fallait ou bien abandonner la nacelle ou se précipiter avec elle dans le gouffre, car il n'était plus possible de songer à lutter contre le courant.

Heureusement, l'embarcation avait été entraînée assez près de la rive opposée, et glissait le long des rochers qui encaissent le fleuve en cet endroit. C'était sur ces rochers qu'il s'agissait, pour Pierre, de chercher son salut. Il commença par lancer sa cartouchière et sa boîte à poudre sur l'un des rochers devant lesquels il fuyait. Un rocher suivant reçut sa carabine. Mais le problème le plus difficile restait à résoudre, à savoir comment il atteindrait lui-même le rivage. Les rochers succédaient aux rochers, abrupts et escarpés, sans offrir aucune saillie où son pied pût se poser, aucun arbuste auquel il pût se cramponner; et le bruit de la chute frappait déjà son oreille comme les roulements sourds et contenus du tonnerre: il n'y avait plus une minute à perdre.

A ce moment, le canot rase l'angle d'une roche détachée de la paroi verticale; le trappeur pose un pied sur l'étroit rebord de la barque, prend un vigoureux élan et, grâces à Dieu, va retomber derrière la saillie du rocher, encore dans l'eau jusqu'à la ceinture, mais dans une eau tranquille, à l'abri du courant.

Le choc a fait chavirer la nacelle, mais

Pierre est sauvé! Il gravit sans trop de peine la muraille rocheuse en s'aidant de toutes les anfractuosités, et peut enfin reprendre haleine...

Oui, Pierre était sauvé; mais qu'étaient devenus ses amis? étaient-ils tombés entre les mains des Indiens? l'un d'entre eux, son compagnon de cuisine, n'avait-il pas pu leur échapper? Le fleuve, qui coulait entre lui et ses compagnons, le séparait également de la horde sauvage; il pouvait donc sans danger retourner jusqu'en face du grand érable auprès duquel ils avaient été surpris.

Il eut bientôt retrouvé sa carabine et ses munitions et se mit à remonter le fleuve. Il avait marché toute la nuit, lorsqu'à l'aube du jour le grand érable se dressa devant ses yeux de l'autre côté du fleuve.

C'était bien là le lieu du campement; les braises du foyer avaient mis le feu aux herbes du voisinage, et les lianes desséchées se consumaient lentement le long du rivage. Au fur et à mesure qu'il se rapprochait de cette place de malheur, le trappeur redoubla naturellement de précautions; arrivé juste en face de l'endroit où il s'était embarqué si précipitamment la veille, il se coucha dans les hautes herbes, épiant et écoutant dans toutes les directions. Un silence de mort régnait partout. Alors il hasarda le sifflement convenu entre lui et ses compagnons comme signe de ralliement.... Un sifflement semblable lui répondit aussitôt de la rive opposée, mais sans qu'aucune forme humaine se montrât. Pierre alors se dressa de toute sa hauteur, afin d'être bien en évidence, et au même moment, à son inexprimable surprise, il vit son camarade John en personne descendre de l'érable, en faisant signe à son ami, par les gestes les plus pressants, de venir le rejoindre tout de suite.

Il faut dire que le pauvre Pierre mourait littéralement de faim et, qu'au moment d'entreprendre un nouvel exploit, il sentait ses forces défaillir. Mais il n'y avait pas à balancer; aussi, tout en grommelant, il fit de ses vêtements et de sa boîte à poudre un petit paquet, l'assujettit, ainsi que son fusil, à l'aide de brins d'osier, sur quelques morceaux de bois flotté; et, poussant devant lui son petit radeau, il traversa le fleuve à la nage.

Les deux trappeurs n'échangèrent pas de longs discours sur la nuit émouvante qui venait de s'écouler, car le sort de leurs deux malheureux compagnons les préoccupait par-dessus toute chose. S'ils étaient encore en vie, il fallait à tout prix tenter de les arracher au martyre qui les attendait.

Par le fait que John avait emporté son fusil en grimpant sur son observatoire, sa présence n'avait pas été soupçonnée par les Indiens. L'épais feuillage de l'érable l'avait dérobé à leurs regards perçants; et c'est à grand'peine qu'il avait pu lui-même entrevoir une partie de la scène sauvage qui se passait à ses pieds.

Lorsque le canot et les quatre Indiens qui le poursuivaient eurent disparu derrière une des sinuosités du fleuve, la horde entière courut après eux le long du rivage; bientôt ses cris de désespoir et de fureur firent sup-poser à John que son ami devait s'être échappé.

Effectivement, un quart d'heure après, toute la bande revint au lieu de campement, ramenant un seul survivant, et elle se déchargea de sa fureur sur les rames et les autres objets que les trappeurs avaient abandonnés dans leur fuite. Cette vengeance stérile accomplie, les Indiens quittèrent la place pour retourner dans leur camp, dont John pouvait, de son poste élevé, apercevoir la fumée à quelque distance. Il jugea néanmoins plus prudent de passer encore la nuit sur son arbre et, peu d'instants avant le signal de Pierre, il avait remarqué que les Indiens décampaient pour aller s'établir plus loin.

Après s'être mis en deux mots au courant des faits, les deux amis se glissèrent avec précaution vers le lieu que les sauvages venaient d'abandonner ; ils fouillèrent chaque buisson, examinèrent chaque arbre, chaque pierre, chaque empreinte de pas. Leurs ennemis appartenaient à la tribu des Sioux et formaient une troupe de 12 ou 14 hommes équipés pour une expédition de chasse ; ils n'avaient avec eux ni tentes, ni femmes, ni enfants; ce qui fit supposer aux deux trappeurs que le véritable camp ne devait pas être à plus d'une ou deux journées de marche. D'autre part, ils avaient tout lieu de penser que leurs deux camarades étaient encore en vie; car les Indiens, qui attribuent à Manitou les transformations mystérieuses de la lune, attendent d'ordinaire qu'elle soit pleine pour accomplir leurs sacrifices humains, un ancien usage voulant que Manitou préside à ces scènes de vengeance. Or, on comptait encore quatre jours jusqu'à la pleine lune.

Les Indiens ne pouvaient guère avoir que quelques milles d'avance. Quand les deux chasseurs se furent bien assurés qu'ils avaient tous quitté leur campement provisoire, et que toutes les empreintes de pas allaient dans le même sens, ils se mirent à suivre ces traces à distance, en évitant soigneusement de marcher dans le sentier frayé par les Indiens, car il n'en aurait pas fallu davantage pour déceler leur passage.

Ils avançaient ainsi péniblement à travers les ronces et les broussailles; le soleil était déjà sur son déclin, lorsqu'une colonne de fumée, s'élevant à quelque distance, leur annonça qu'ils approchaient du terme de leur course.

Ils attendirent pour s'avancer davantage que le soleil eût entièrement disparu derrière les montagnes; décrivant alors un vaste circuit autour du camp ennemi, ils gagnèrent une chaîne de collines rocheuses qui formait, en s'arrondissant, le bassin d'un petit torrent. Leurs pas ne laissaient aucune trace sur la crête rocailleuse et dénudée de ces monticules, et ils atteignirent bientôt un endroit favorable d'où le regard embrassait dans son ensemble le camp des Sioux. Les tentes étaient dressées au bord du torrent dans une petite prairie formant une éclaircie au milieu de la forêt, et les pâles rayons de la lune, mêlés à l'éclat des feux allumés devant chaque tente, éclairaient une scène sinistre.

Les deux infortunés compagnons de nos trappeurs étaient liés debout contre un arbre, et de temps en temps on voyait une mégère en furie se précipiter sur eux en brandissant

un coutelas et en les accablant d'imprécations. D'autres femmes, accroupies au bord
de l'eau dans leurs couvertures de laine, pous-
saient de longues lamentations, tandis que les
hommes, étendus autour d'un feu flamboyant,
faisaient rapidement circuler la pipe de bouche
en bouche. Quand l'un ou l'autre se dressait
au milieu du cercle et prenait la parole, c'était
pour ranimer la fureur de ses compagnons
que la fatigue commençait à engourdir.

Les deux amis virent du premier coup
d'œil qu'il était impossible, cette nuit même,
de délivrer leurs compagnons, soit par force,
soit par ruse. Une vingtaine de guerriers, as-
sistés de leurs femmes et de leurs enfants,
faisaient trop bonne garde auprès des victimes. Quand même Pierre et John seraient
parvenus à détacher les liens des prisonniers
et à s'échapper avec eux, les Indiens avaient
auprès de leurs tentes assez de chevaux pour
poursuivre les fugitifs, et si décidés que fussent
les trappeurs à vendre chèrement leur vie,
ils avaient trop peu de chances pour eux dans
une lutte aussi inégale.

Soudain Pierre et John s'avisèrent que la petite rivière au bord de laquelle campaient les Sioux pouvait bien être celle à l'embouchure de laquelle ils avaient découvert le village de castors; selon leur estimation, ils ne devaient être, dans cette hypothèse, qu'à 7 ou 8 lieues de la cachette qui recélait leurs trésors, et surtout leur précieux tonnelet d'eau-de-vie; or, c'est sur ce tonnelet qu'ils comptaient maintenant pour assurer le salut de leurs compagnons.

Sans perdre un instant, ils se remirent en route pour aller le chercher, et, quittant les hauteurs, ils descendirent dans le lit même du torrent, où il coulait juste assez d'eau pour effacer la trace de leurs pas et les guider dans l'obscurité.

Ils marchèrent ainsi toute la nuit. Au point du jour, à leur joie inexprimable, ils atteignirent les digues des castors et leur propre magasin. Déterrer le tonnelet, refermer la cache, ranimer par quelques gorgées de liqueur leurs forces défaillantes, tout cela fut l'affaire de quelques minutes; après quoi nos trappeurs, sans s'accorder de repos, reprirent bravement avec leur « eau de feu » le chemin qu'ils venaient de parcourir. Ils marchèrent si bien qu'au coucher du soleil ils se retrouvèrent à la place où, le soir précédent, ils étaient descendus dans le lit de la rivière.

Comme Pierre eût été immédiatement reconnu par les sauvages, il dut abandonner à John la périlleuse mission d'aller porter l'eau-de-vie au camp, et se contenter, pour le moment, du rôle de spectateur; il se glissa en conséquence aussi près que possible des tentes, replaçant soigneusement chaque pierre dérangée par son passage, redressant le moindre brin d'herbe foulé sous ses pas. On sait quelle attention minutieuse les Indiens apportent aux détails les plus infimes et quelle perspicacité ils déploient vis-à-vis de leurs ennemis; il n'est donc permis, avec eux, de négliger aucune précaution, quand on tient à cacher sa trace. Enfin il trouva, dans une fente de rochers, un étroit espace masqué par des broussailles et s'y établit.

Pendant ce temps, John avait fait un grand

détour pour rejoindre le sentier tracé par les Indiens et, s'y engageant, il s'avança d'un pas délibéré vers le camp. Son apparition, à la nuit tombante, y fut naturellement suivie d'un grand tumulte.

Immédiatement entouré de toutes parts, il fit comprendre par signes aux sauvages qu'il venait leur offrir de l'eau-de-vie en échange de fourrures. Il s'ensuivit une délibération assez agitée, dont le résultat fut qu'au lieu de procéder aux échanges, on enleva prestement à Master John son tonnelet et ses armes pour le traîner en face de ses camarades captifs et le confronter avec eux.

En vrais trappeurs aguerris à toutes les ruses des Indiens, ils étaient parfaitement sur leurs gardes et ne se trahirent pas par le plus léger clignement de paupières. Mais il paraît que ces exemples d'empire sur soi-même ne sont pas rares non plus parmi les Indiens; de sorte que l'épreuve ne leur parut pas concluante et que, pour plus de sûreté, ils jugèrent prudent d'enchaîner le prétendu marchand d'eau-de-vie au même arbre que

JOHN AU CAMP DES INDIENS.

les autres prisonniers. Puis la moitié de la troupe se mit à battre tous les alentours pour s'assurer qu'aucune embûche n'y était dressée et prévenir toute surprise. Plusieurs Indiens, décrivant des courbes autour du camp, passèrent si près de Pierre que l'obscurité seule leur déroba sa présence; d'autres étaient allés suivre les traces de John sur le sentier; mais la convoitise folle qu'avait éveillée en eux « l'eau de feu », pour laquelle tous les Indiens ont un goût effréné, les avait promptement ramenés dans le camp avant d'avoir trouvé l'endroit où le prétendu trafiquant avait rejoint le chemin battu.

Se croyant donc en parfaite sécurité, tous les guerriers, réunis autour du feu, se mirent en devoir d'ouvrir le tonnelet. Le premier y but à longs traits, tandis que les regards avides de toute la troupe restaient suspendus à ses lèvres. Mais cette épreuve de patience devint bientôt insupportable aux assistants, et d'un commun accord le contenu du baril fut versé dans une espèce d'auge où tous purent venir s'abreuver à la fois.

Les femmes et les enfants, qui d'abord n'avaient considéré que de loin ce qui se passait, se rapprochèrent toujours plus et furent bientôt sur les talons des insatiables buveurs, attendant avec une impatience fiévreuse, pour se jeter sur le reste du liquide, le moment où le dernier de leurs seigneurs et maîtres tomberait à terre privé de sentiment.

Les spiritueux agissent sur la race indienne d'une façon presque foudroyante. Aussi Pierre, qui se rapprochait en rampant de ses compagnons, fut-il bientôt témoin d'une scène hideuse. De sourds hurlements, des ricanements de démence et des cris sauvages retentissaient dans le silence de la nuit. Les passions haineuses, habituellement contenues, éclataient comme des accès de frénésie; l'un s'élançait avec son couteau, l'autre brandissait sa hache, et, au moment où il allait frapper, son bras retombait paralysé.

A un moment donné, la fureur d'un de ces insensés se tourna contre les prisonniers; il bondit vers eux en chancelant et s'affaissa lourdement à terre; il parvint à se remettre sur pied, mais pour retomber cette fois comme une masse inerte. Un autre le suivit, et ainsi de suite jusqu'au dernier...

Alors ce fut le tour des femmes de se jeter sur ce qui restait « d'eau de feu » ; il y en eut encore pour toutes, y compris les enfants et les nourrissons.

Lorsque l'ivresse furieuse se fut emparée de toutes ces mégères, un hideux combat s'engagea entre elles sur les corps inertes des hommes de la troupe pour savoir à qui seraient les dernières gouttes de la liqueur mortelle.

Puis les cris et les hurlements s'affaiblirent, l'engourdissement succéda à l'exaltation, et les combattantes s'affaissèrent l'une après l'autre sur le monceau de cadavres vivants où gisaient pêle-mêle leurs maris et leurs frères.

Le tumulte n'était pas complétement apaisé que déjà Pierre coupait les liens de ses camarades. À peine libres, ils convinrent en peu de mots des mesures à prendre pour la fuite. L'un d'eux inclinait à un massacre général; c'eût été le moyen le plus radical de prévenir toute poursuite; mais on finit par s'arrêter à un parti moins inhumain et qui donnait une sécurité suffisante.

Les trappeurs ayant environ six heures à eux pour prendre de l'avance, huit chevaux furent harnachés à la hâte, quatre comme chevaux de selle, les autres comme bêtes de charge. On fouilla les tentes, et tout ce qu'on y trouva de fourrures précieuses fut assujetti sur deux des chevaux de somme; les deux autres étaient destinés au transport des trésors que l'on devait retrouver dans la cache à l'embouchure de la rivière.

Ces préparatifs achevés, il ne restait qu'à couper aux Indiens tout moyen de poursuite. Les feux presque éteints furent rallumés, et on y entassa pêle-mêle harnais, selles, lassos et ustensiles de cuisine. Les couteaux même et les haches furent arrachés aux mains inertes qui les tenaient et jetés dans le brasier. Après avoir brisé les crosses et les détentes des fusils, les trappeurs répandirent sur le sol toute la poudre qu'ils ne pouvaient emporter. Enfin les tentes elles-mêmes furent livrées aux flammes.

Dès que l'œuvre de dévastation fut accomplie, Pierre et ses camarades se mirent en selle et s'éloignèrent en suivant le fil de l'eau; arrivés au village des castors, ils chargèrent rapidement sur les chevaux de somme les précieuses fourrures qu'ils y avaient cachées, et la petite caravane, longeant le Mississipi, regagna sans encombre le village des Chippeways.

Les Chippeways, ennemis jurés des Sioux, accueillirent avec enthousiasme nos trappeurs, leur procurèrent l'occasion d'échanger avantageusement leurs chevaux, et les aidèrent de leur mieux pendant le chargement des barques qui devaient les ramener à Saint-Louis. Une seule chose les chagrinait: c'est qu'on eût laissé échapper une aussi belle occasion de scalper tant de têtes ennemies.

Les souhaits les plus amicaux accompagnèrent le départ des quatre héros, et leurs fragiles nacelles les portèrent à Saint-Louis avec leur riche butin bien plus vite qu'ils ne l'avaient espéré.

Le vieux Pierre, dont je viens de reproduire fidèlement le récit, n'est jamais retourné aux cataractes de Saint-Antoine; il lui est resté un secret effroi de cette place où le couteau à scalper avait effleuré sa tête de si près.

# OCÉANIE.

# OCÉANIE.

—

## I.

## Les Malais à Sumatra; leurs mœurs et leurs coutumes[1].

Les Malais exercent depuis des siècles une influence prépondérante dans l'archipel Indien, tant au point de vue politique qu'au point de vue religieux, commercial et littéraire ; leur langue y est parlée par tous les gens un peu cultivés ; ce sont leurs prêtres qui y ont répandu l'islamisme, et, à la suite de leur religion, leurs principes de droit, leurs mœurs et leurs coutumes se sont impo-

—

1. Les principaux éléments des trois notices qui terminent ce volume sont empruntés au récent et curieux ouvrage du docteur S. FRIEDMANN, *Die ost-asiatische Inselwelt,* t. II, Leipsick, 1868.

sés à tous les autres peuples, antérieurement païens, de l'archipel.

On s'est demandé pendant assez longtemps dans quelle partie de l'Asie orientale les Malais avaient eu leur premier et principal établissement. On est assez d'accord aujourd'hui pour considérer l'île de Sumatra comme le centre d'où ils ont rayonné. Tandis que dans tout le reste de l'archipel on ne les rencontre absolument que sur les côtes, ils occupent depuis un temps immémorial le cœur même de l'île de Sumatra. Leur royaume de Menang-Karbau était situé sur le plateau d'Agam, à une grande distance des côtes, et aujourd'hui encore ils habitent toute la portion de l'île comprise entre Indrapoure et Palembang. On avait cru d'abord que leur point de départ était la presqu'île de Malacca; mais il est avéré maintenant que ce sont au contraire des Malais de Sumatra qui ont colonisé cette langue de terre : ils y portent encore le nom d'*Orang Menang Karbau* (hommes de Menang-Karbau), et on ne leur a donné celui d'*Orang Malayou* (hommes qui circulent sans cesse) que bien plus tard, alors que, moitié marchands, moitié conquérants, ils se furent répandus dans toutes les îles voisines, Java, Madoura, Bali, Lombok, Nias, etc.

Il n'est pas douteux non plus, si l'on veut remonter plus haut, que les Malais étaient primitivement des émigrés indiens; il suffit, pour s'en convaincre, d'étudier, soit leur physionomie, qui rappelle souvent d'une manière frappante le type indo-germanique, soit leur langue et le peu de monuments anciens qu'on retrouve sur leur sol. On a découvert récemment des inscriptions en caractères sanscrits, émanées d'Aditchadharma, roi de Menang-Karbau au septième siècle, et desquelles il résulte qu'à cette époque reculée les Malais professaient le bouddhisme et les doctrines brahmaniques.

La langue malaise est fort riche et elle ne manque pas d'harmonie, surtout dans la bouche des femmes. On a calculé que, sur 100 mots de la langue, 27 seulement appartiennent à l'idiome primitif; tandis qu'on y trouve 50 mots polynésiens, 16 sanscrits, 5 arabes et 2 d'origine inconnue. Le malais s'apprend assez aisément : la grammaire e est peu compliquée ; elle ne comporte ni déclinaisons ni conjugaisons, et l'on y supplée par de simples préfixes accolés aux mots principaux. Un grand nombre de ces mots ont pénétré jusqu'en Europe et s'emploient couramment, non-seulement dans l'étude de la géographie de l'extrême Orient, mais encore et surtout en histoire naturelle : *Orang-outang*, *Kajou-pouti*, sont des mots malais qui signifient homme sauvage, bois blanc, etc. Aujourd'hui les Malais se servent de lettres arabes ; mais avant l'introduction de l'islamisme, ils avaient une écriture propre, dont on trouve la trace sur quelques monuments.

Leur littérature est assez importante. A part des traductions et des commentaires du Coran, elle comprend des ouvrages de droit et d'histoire, et des poëmes, soit originaux, soit imités d'autres langues orientales. Il ne reste plus de vestige de poésies antérieures à l'introduction de l'islamisme ; il est probable que, traitant des anciens dieux du pays, elles auront été sacrifiées au fanatisme religieux des prêtres musulmans. Quant à la théologie et à la jurisprudence, qui en est en quelque sorte une annexe, puisqu'en pays mahométan la justice se rend d'après les préceptes du Coran, elles étaient cultivées avec prédilection dans l'ancien royaume de Menang-Karbau : sa capitale était un lieu de pèlerinage où se rendaient tous ceux qui voulaient s'initier d'une manière plus intime aux doctrines du Coran. Quiconque n'avait pas l'occasion de se rendre à la Mecque pouvait également donner satisfaction à son ardeur religieuse et à sa soif de science en s'adressant aux prêtres de Menang-Karbau.

Peuple essentiellement commerçant et habitué à se trouver en rapport avec d'autres nations, les Malais sont tolérants en matière de foi et ne partagent pas le fanatisme de beaucoup de leurs prêtres; ils n'observent du reste pas à la lettre les prescriptions de leur propre religion. Aussi s'est-il formé, au commencement du siècle, sous l'influence du clergé, une secte plus rigide, les *Padries*, dont l'histoire est curieuse à bien des égards. Cette secte a été la cause indirecte et involontaire du développement de la puissance hollandaise à Sumatra.

En 1805, trois prêtres revenant de la Mecque conçurent le projet d'introduire parmi leurs compatriotes l'islamisme dans toute sa pureté. Quelques rajas, et surtout des parents de princes régnants, qui convoitaient le trône et ne demandaient pas mieux que de s'associer au clergé pour assouvir leur ambition, mirent à leur disposition les moyens d'imposer de force ce qu'ils n'auraient pas réussi à faire accepter par la persuasion. Les *Orang-pouti* (hommes blancs, ainsi qu'on les appelait à cause de leurs robes blanches) interdisaient à leurs adhérents l'usage du bétel, si général parmi les Polynésiens, les combats de coqs, le limage des dents et jusqu'au tabac. Toute violation des préceptes religieux était punie avec une telle rigueur qu'il n'était pas rare de voir exécuter des gens dont le seul crime consistait à avoir travaillé le vendredi ou mangé d'un mets prohibé. Ceux des rajas qui refusèrent de s'adjoindre aux zélateurs furent combattus par les armes : deux d'entre eux tombèrent sous le couteau d'un assassin; un troisième ne se sauva que par la fuite. Bientôt les *Padries* étendaient leur domination sur toute la partie malaise de l'île de Sumatra.

Mais la population ne porta pas longtemps sans murmurer le joug de fer qu'ils faisaient peser sur elle, et les princes expulsés firent appel aux Hollandais. On expédia aussitôt à leur secours des troupes de Java, et le petit corps néerlandais entra en campagne contre les Padries, de concert avec les Malais restés fidèles à leurs princes. Bien que dès la première année (1838) la principale place d'armes et de ravitaillement des orthodoxes, Bondchel, eût été prise d'assaut, la lutte se prolongea pendant deux ou trois ans, parce que de nouvelles bandes armées se réunissaient sans cesse dans les gorges des montagnes et dans les vallées centrales, afin de combattre pour la cause sainte.

Lorsque le dernier groupe des partisans des Padries eut été anéanti et dispersé et que les princes malais eurent remis le sabre dans le fourreau, ils ne tardèrent pas à s'apercevoir qu'ils étaient tombés sous la domination de ceux qui les avaient délivrés de la tyrannie beaucoup moins supportable, sans doute, des Padries. Toutes les forteresses du pays, tous les points stratégiques importants étaient occupés par les Hollandais, et les résidents exerçaient sur les rajas une influence que soutenaient quelques mille hommes de troupes aguerries.

Le peuple était loin de méconnaître qu'il devait à cet état de choses, tant pour les personnes que pour les propriétés, une sécurité et des garanties auxquelles l'arbitraire des temps passés ne pouvait guère se comparer. Mais les grands raisonnaient différemment, et leur mécontentement, d'abord contenu, finit par se traduire en une révolte ouverte.

En 1841, une vaste conspiration, ourdie par les rajas, éclata avec tant d'ensemble et de soudaineté que les Hollandais, surpris, succombèrent, en plusieurs endroits, sous le nombre de leurs adversaires. La haine des Malais ne s'exerça pas seulement contre leurs ennemis en armes; tous les prisonniers, tous les blessés, les femmes et les enfants même, furent impitoyablement mis à mort, parfois avec des raffinements de cruauté.

Cependant, la manière sauvage dont la lutte était conduite ne fit qu'exalter le courage des petites garnisons néerlandaises qui avaient à défendre les forts disséminés dans le pays.

Parmi bien des traits de courage et d'audace, l'action héroïque d'un vieux sergent blessé mérite une mention spéciale. Un jour, un fortin, dont la garnison comptait à peine 50 hommes, fut investi par quelques milliers de Malais munis de fusils, de lances et même de 3 ou 4 canons. Les assiégés se défendirent pendant quelque temps; puis, le commandant, voyant bien qu'il ne pourrait pas tenir contre la masse des assaillants, résolut de tenter une sortie du côté où l'ennemi était le moins nombreux, afin, s'il était possible, de gagner Padang avec ses hommes. Un sergent blessé, à qui ses camarades proposèrent de l'emporter, déclina leur offre et demanda la permission de rester seul dans le fort. A peine la garnison était-elle sortie par une poterne que les assaillants en masse escaladèrent les murailles, sans songer, dans le premier moment, à la troubler dans sa retraite. Soudain une épouvantable explosion se fit entendre; le fort sautait, avec les milliers d'ennemis qui y fourmillaient et le vaillant soldat qui, pour sauver ses compagnons d'armes, s'était volontairement condamné à mettre le feu à la poudrière.

Sur les entrefaites, le gouverneur général de Java envoya à Sumatra toutes les troupes et les navires de guerre dont il pouvait disposer, et grâce à ce renfort, dont une discipline excellente décuplait l'importance, la révolte fut domptée en trois mois; le chef des révoltés, le tuanco de Pertibi, fut pris et envoyé prisonnier à Java, et tous les rajas, même ceux de l'intérieur des terres, reconnurent la souveraineté de la Hollande.

La constitution politique a, chez les Malais, un caractère plutôt aristocratique. A la tête de l'État se trouve un monarque qui porte le titre de *Raja, Maha-raja* ou *Jang di Pertuan*, et qui est assisté par les grands du royaume, les *Orang-Kaja*, sorte de vassaux ou de tributaires, préposés à chaque province. L'héritier du trône s'appelle *Rajamouda*, jeune roi. Le roi choisit parmi les Orang-Kaja les *Mandris* ou grands officiers de l'État, le ministre des finances, les chefs des troupes et de la marine, le maréchal de la cour, qui a un droit de contrôle sur les mœurs et sur l'industrie. Le Malais est moins humble que le Javanais en présence des grands de sa nation; il ne les considère pas comme des créatures d'une race supérieure et auxquelles il doive, en toute circonstance, une soumission aveugle.

Les Malais sont un peuple guerrier et maritime; autant ils tiennent en haute estime le métier des armes, les expéditions navales et les arts qui s'y rapportent de près ou de loin, autant ils sont peu portés à l'agriculture. Généralement ils abandonnaient les travaux champêtres à des serfs ou à des esclaves, c'est-à-dire à leurs prisonniers de guerre ou à leurs débiteurs insolvables, et le gouvernement néerlandais a eu beaucoup à faire pour les déterminer à s'occuper de la culture des plantes coloniales dont les produits sont recherchés sur le marché européen. Toutefois il y a progrès à cet égard.

Les Malais s'entendent surtout à travailler le bois et les métaux: l'or, le cuivre et le fer. Leurs pirogues, à peine grandes comme nos schooners, ont des qualités nautiques exceptionnelles. La hache malaise, grâce à l'élasticité de son manche, à la légèreté et à la solidité de l'ajustage, a une force bien supérieure aux nôtres. Enfin les orfévres sont d'une habileté surprenante et confectionnent des bijoux si finement ornementés qu'il faut parfois les admirer à la loupe. Ce qu'il y a de plus remarquable, c'est que leur outillage est des plus primitifs: un petit marteau, une enclume, une petite pince, quelques charbons et un bambou en guise de chalumeau, tel est le matériel d'un orfévre malais.

L'or se trouve à Sumatra dans le sable d'un grand nombre de cours d'eau; ce qui permet de conclure qu'en cherchant bien, on trouverait sans doute des mines productives. Les Malais en exploitent déjà quelques-unes, qui rendent environ 500 marcs d'or par an. Le métal précieux se trouve tantôt dans une gangue quartzeuse, tantôt dans du grès en pépites lisses de grosseur variable (de 15 à 250 grammes), tantôt en paillettes dans le sable que l'eau a entraîné des montagnes; le métier d'orpailleur s'exerce d'une façon fructueuse dans beaucoup de villages.

Les Malais ne sont pas moins habiles dans la confection des armes blanches. Les armes de Menang-Karbau jouissaient de temps immémorial d'une grande réputation dans l'archipel et formaient un important objet de commerce. Les Malais se servent de trois ou quatre espèces d'armes blanches; la plus connue est le *kriss*, poignard de 15 à 50 centimètres de long, à lame ondulée et fortement trempée; on essaye généralement ces lames en les lançant contre une monnaie de cuivre : si le choc en courbe la pointe, la lame est mauvaise et on la rejette ; si, au contraire, elle entaille la pièce, elle a fait ses preuves. Les Malais ont encore, pour apprécier la bonté de leurs kriss, d'autres moyens en lesquels un Européen sceptique aurait moins de confiance ; ainsi, ils ont l'habitude, pour les damasquiner, de les frotter avec un mélange de jus de citron et de divers autres ingrédients : suivant les lignes et les figures capricieuses qui se dessinent sur l'acier, ils tiennent l'arme et celui qui la porte pour *batua*, invulnérables ; ils attribuent aussi une valeur spéciale à un kriss qui a déjà tué quelqu'un. Le fourreau de l'arme est en bois ou en cuivre, et le manche plus ou moins orné.

Les Malais se servent, depuis des siècles, de canons de leur propre fabrication ; ils savent aussi faire la poudre, mais ils y mettent trop de soufre.

Enfin, ils s'entendent à merveille à tous les ouvrages de vannerie et de sparterie, depuis les grosses et solides nattes dont ils font les parois intérieures et parfois les murs extérieurs de leurs habitations jusqu'aux corbeilles et aux tapis les plus délicats et les plus fins.

Observons maintenant les Malais dans leur vie domestique et dans leurs relations de famille.

Leurs habitations sont simples et bien appropriées au climat. On ne fait jamais entrer dans leur construction que le bois, qui est à meilleur marché que la pierre, résiste mieux, grâce à son élasticité, aux fréquentes secousses des tremblements de terre, et, dans tous les cas, est assez léger, s'il est renversé, pour ne pas risquer d'écraser les habitants de la maison. Il est d'usage de construire les maisons sur des pilotis de 2 à 3 mètres de haut, tant afin de les soustraire aux miasmes qui se dégagent du sol et que les plantes ont ainsi le moyen d'absorber, que pour les mettre à l'abri des invasions de toute une série d'animaux nuisibles, depuis le tigre royal jusqu'à la petite sangsue de terre (*Hirudo Zeylanica*), qui pullule dans tout l'archipel et y devient un véritable fléau pour l'homme.

La construction est des plus simples: on enfonce en terre quatre ou six pieux d'égale hauteur; puis on les relie par des poutrelles horizontales sur lesquelles on pose en guise de plancher des tiges de bambou de la grosseur du bras; on calfeutre les interstices avec du bambou fendu dans le sens de la longueur, et l'on étend sur le tout une natte épaisse. Ces planchers sont très-solides, mais si élastiques qu'il faut quelque habitude pour se décider à y marcher hardiment. On fait les parois en planches ou bien, comme les planchers, en tiges de bambou, fixées, soit par des clous, soit par des liens de rotang ou de *Kouli Kajou* (écorce intérieure de divers arbres, notamment d'une espèce d'*antocarpus*). En règle générale, on recouvre les maisons d'*atap;* c'est ainsi qu'on appelle les grandes feuilles du palmier *Nipah.* On trouve à acheter au marché ces feuilles tout ajustées, ainsi que tout ce qui entre dans la construction d'une cabane, et l'on peut en même temps y commander les ouvriers habitués à les monter; de sorte qu'il ne faut pas vingt-quatre heures, dans cet heureux pays, pour voir sortir de terre un *home* à peu près habitable. Reste la difficulté d'arriver dans l'intérieur de ces cases aériennes; car les escaliers, comme nous les entendons en Europe, sont chose inconnue à Sumatra, et le mot échelle même serait ambitieux pour désigner la poutre posée à peu près verticalement et munie d'une dizaine d'entailles à l'aide de laquelle on est contraint de se hisser dans son domicile. Au surplus,' on se fait vite à ce mode d'ascension et de descente, pourvu qu'on ne souffre ni de paralysie ni de rhumatismes.

Comme je l'ai dit, on place les maisons à 2 ou 3 mètres au-dessus de terre, afin de se mettre à l'abri des tigres; quelquefois, dans les endroits isolés et près des forêts, on les élève à 4 ou 5 mètres; ce qui neutralise complétement l'effet des bonds de l'animal royal; mais il est déjà arrivé qu'un éléphant venant à passer sous l'immeuble l'ait déraciné d'un coup de reins et qu'on se soit réveillé à 500 mètres de chez soi, promené sur le dos de la bête.

L'ameublement n'est pas plus compliqué que les maisons elles-mêmes ; il est rare qu'on y trouve même un lit de camp ; généralement les Malais se couchent par terre sur des nattes, sauf à se soutenir la tête avec des coussins bourrés de coton. Un bloc de bois servant de table et un pilon pour le riz, tels sont les seuls meubles qu'on soit sûr de trouver dans une habitation malaise. L'usage des chaises est inconnu aux indigènes ; ils s'asseyent par terre, le corps appuyé sur le côté et la main gauches. Inutile d'ajouter qu'ils ne connaissent pas davantage les ustensiles plus raffinés, tels que les cuillers et les fourchettes ; ils mangent leur riz avec les doigts et si habilement qu'ils n'en laissent pas tomber un grain ; un morceau de feuille de pisang fait l'office d'assiette.

Les maisons n'ayant ni foyer ni cheminée, c'est au dehors que le Malais fait sa cuisine ; pour allumer son feu, il bat le briquet, lorsqu'il a trouvé à acheter un silex ; sinon, il recourt à l'ancien procédé, qui consiste à creuser un trou dans un morceau de bois sec

UNE HABITATION MALAISE.

III, p. 245.

et poreux et à y faire tourner rapidement un morceau de bois dur, jusqu'à ce que la chaleur développée par le frottement enflamme le bois poreux.

Les lois des Malais sont en partie des préceptes du Coran, en partie d'anciennes coutumes malaises ou indiennes. Le vol est puni d'amende. La peine de mort peut presque toujours se racheter à prix d'argent; elle n'est irrémissible que pour la femme qui a tué son mari. Quiconque a subi un outrage a le droit de provoquer l'offenseur à un combat à mort. La grossesse chez une femme non mariée est punie d'amende et, en cas de non-payement, de la perte de la liberté. Une disposition fort singulière de la loi malaise attribue les successions, non pas aux enfants du défunt, mais à ceux de ses sœurs.

Les Malais sont généralement paresseux; leurs besoins sont modestes, et quand ils les ont satisfaits, ils n'en demandent pas davantage. Aussi, lorsqu'on ne peut aller ni à la chasse ni à la pêche, aiment-ils beaucoup mieux rester étendus sur la hanche gauche,

dans leurs cases, que de se fatiguer à travailler aux champs, et ils laissent volontiers
à leurs femmes et à leurs esclaves toutes les
occupations pénibles.

Il a déjà été dit plus haut que les prisonniers de guerre et les débiteurs insolvables
tombent en esclavage ; il y a aussi en Malaisie
une sorte d'union matrimoniale par suite de
laquelle l'époux devient l'esclave de ses beaux-
parents : la loi malaise sanctionne à cet égard
un état de choses qu'on rencontre parfois,
en fait, chez d'autres peuples et dans d'autres contrées. D'après les vieilles coutumes
du pays, le Malais est obligé d'acheter sa
femme ; il donne aux parents une certaine
somme d'argent, moyennant laquelle il devient le maître absolu de son épouse ; il a le
droit de la vendre, et, s'il meurt, elle passe
à ses héritiers avec le reste de son patrimoine.
Ce mode de mariage se nomme *tjoutjour*.
Lorsque l'homme n'a pas le moyen de payer
le prix auquel une femme est cotée, il peut
l'obtenir en consentant à servir, pendant plus
ou moins longtemps, ses beaux-parents. Tou-

tefois il existe un mariage, également légitime,
dans lequel il a été fait une plus grande part
à l'équité et à l'humanité : l'homme et la
femme y ont des droits égaux, et l'époux survivant hérite du prédécédé ; dans ce cas, le futur
n'a qu'un petit présent à faire aux parents
de sa fiancée.

Lorsqu'un jeune homme a jeté les yeux
sur une jeune fille et désire l'épouser, il recourt, en général, à l'entremise d'une ma-
trone. Celle-ci prévient les parents, et lorsqu'on est tombé d'accord sur les conditions
du mariage, le futur leur envoie un présent ;
puis on fixe l'époque des noces. On donne
à cette occasion des fêtes qui, suivant la fortune de la famille, durent d'un à sept jours.
On tue un *karabau* et quelques chèvres, et
l'on invite tous les gens du village, voire même
des villages environnants. Aux yeux du Malais, ces invités sont autant de témoins du
mariage ; il sait qu'un contrat peut être altéré
ou nié, tandis qu'il est impossible que des
centaines de témoins en imposent. Ce petit
fait suffit à prouver combien les supercheries

et les fraudes sont communes, même en semblable matière ; il n'est effectivement guère de peuples plus rusés que les Malais : parfois les contrats de mariage sont rédigés d'une façon si ambiguë que tantôt c'est l'époux qui devient à son insu l'esclave de ses beaux-parents, tantôt c'est la famille de la femme qui est induite en erreur, suivant que l'une ou l'autre des deux parties contractantes est plus adroite que l'autre. Aussi les mariages sont-ils une abondante source de procès, que d'ordinaire les Malais plaident eux-mêmes avec une grande volubilité. Les autorités hollandaises se sont efforcées depuis quelques années de déraciner ces abus ; il existe aujourd'hui dans tous les districts placés sous leur suprématie des formulaires de contrats dont aucun terme ne prête à équivoque et qu'il suffit de remplir.

Quand le repas de noces est achevé, la société s'amuse à des jeux de dés, de cartes et d'échecs ou à des combats de coqs, et la jeunesse se met à danser ; la danse n'est pas aussi dédaignée chez les Malais qu'à Java ;

il n'est pas rare de voir des jeunes filles d'excellente famille s'y livrer avec entrain. Toute la fête et les cérémonies, même religieuses, qui s'y rapportent, se font à la maison commune.

Il est permis aux Malais d'épouser autant de femmes qu'ils en peuvent nourrir; toutefois, en fait, ils sont généralement monogames. La femme est loin d'être traitée chez eux avec les mêmes ménagements qu'à Java; non-seulement c'est elle qui soigne le ménage et les enfants, file et teint le coton, tresse les nattes, mais encore une partie des travaux des champs lui incombent. Aussi porte-t-elle ses enfants, non sur les bras, où ils la gêneraient, mais sur le dos, enveloppés dans un linge qui se noue par devant.

Les enfants reçoivent à leur naissance un premier nom, auquel ils en ajoutent ou en substituent plus tard d'autres, tirés, soit de quelque événement de famille important, soit de quelque action éclatante. Les Malais, qui se piquent d'une grande politesse, tiennent pour inconvenant de prononcer leurs propres noms. S'il arrive qu'un Européen, ignorant cette règle de la civilité puérile en Malaisie, demande à l'un d'eux comment il s'appelle, il lui voit généralement prendre un air embarrassé qui ne disparaît que quand une des personnes présentes a répondu pour lui.

Les jeunes garçons fréquentent de très-bonne heure les assemblées publiques et s'initient ainsi aux affaires de la commune et du pays. C'est là aussi qu'ils prennent l'habitude de la parole. Ce qu'on s'explique difficilement chez un peuple qui a pour l'art oratoire une véritable prédilection, c'est qu'ils s'abîment les dents systématiquement et se privent ainsi de l'un des organes les plus indispensables pour s'exprimer clairement.

En cas de maladie, on appelle des médecins hommes ou femmes, qui administrent des infusions de diverses plantes ou bien se livrent à des pratiques superstitieuses.

Si le patient meurt, on le place sur une civière, enveloppé d'un linceul blanc; on le porte dans un tombeau qui a été préalablement creusé de plain-pied dans une petite butte, et on l'y couche sur le côté droit. Puis on recouvre le corps de fleurs et l'on referme l'ouverture avec de la terre. Au bout d'un an, les parents du défunt reviennent auprès de sa tombe pour y faire des prières et y immoler un karabau. Les Malais ont pour les lieux de sépulture un respect religieux et en punissent très-sévèrement la violation. Ils les ornent volontiers de petits drapeaux et de fleurs, surtout d'un joli arbuste à fleurs blanches, le *Plumeria obtusa*.

Les détails qui précèdent s'appliquent spécialement aux Malais qui sont restés dans leur patrie et y vivent de la vie de leur nation. Ceux qui, poussés par leurs instincts itinérants, sont allés s'établir au dehors, soit sur le continent, soit dans les îles de l'archipel, ont naturellement dû y prendre des habitudes conformes aux usages locaux ou à leur propre position. Ils sont d'excellents matelots et composent les équipages de la plupart des bâtiments qui naviguent dans les parages de la presqu'île de Malacca. On en trouve un grand nombre qui sont domestiques

et cochers : ils traitent les chevaux avec soin
et avec intelligence. D'autres se font jardi-
niers ou éleveurs de volaille. Mais il est à peu
près sans exemple qu'un Malais ait ouvert une
grande maison de commerce ; il n'a pas pour
cela assez l'amour du travail, ni, rendons-lui
cette justice, assez le désir de s'enrichir.

## II.

### L'Ile de Bornéo.

L'île de Bornéo forme un vaste pentagone irrégulier, que l'équateur coupe par le milieu. Si l'on excepte le continent australien, elle est l'île la plus étendue de notre globe; car elle mesure plus de 13,000 milles géographiques carrés, c'est-à-dire, un tiers de plus que la France.

Au centre se trouve un haut plateau duquel partent cinq chaînes de montagnes granitiques se dirigeant vers les cinq pointes du pentagone : les plus importantes sont celles qui vont vers le sud-est, le sud-ouest et le nord; cette dernière se termine par un pic majestueux, et jusqu'à présent réputé inaccessible, le *Kina-balou* ou mont Saint-Pierre, qui se dresse à plus de 4,500 mètres au-dessus du niveau de la mer.

Il est peu de terres que la nature ait plus richement dotées que Bornéo. De nombreux cours d'eau, s'échappant des montagnes, sillonnent l'île dans toutes les directions et lui donnent une merveilleuse fertilité. La végétation y est splendide; grâce à une large bande de terrain d'alluvion qui s'est formée tout autour de ses côtes, Bornéo a littéralement une ceinture de forêts épaisses. Et cependant on peut arriver sans peine dans l'intérieur du pays, car presque tous les fleuves qui l'arrosent sont navigables, même pour de gros navires, et offrent ainsi au commerce la voie la plus facile et la plus économique. Néanmoins, jusqu'à présent cette terre si riche et si fertile n'a été guère exploitée; les Européens ne s'y sont aventurés qu'avec timidité, et la population indigène elle-même, qu'on évalue à quinze cent mille individus, n'a pas pris un développement proportionné à l'étendue et à la fertilité du pays.

Les forêts de la côte sont très-riches en tecks, en bois de fer, en ébéniers, en gutta-percha, etc. Les campagnes produisent en abondance la muscade, le sagou, le café, le cacao, le camphre, la cannelle, le citron, le poivre, le gingembre, le bétel, le riz, diverses espèces de céréales, la patate, l'igname, le bambou et la canne à sucre. On y trouve aussi le cocotier et le palmier-nipah (*Nipa fructicans*), l'un des végétaux dont les habitants de Bornéo tirent le plus parti. De son suc ils fabriquent un sucre grossier; de ses feuilles, ils font les toits de leurs huttes et les nattes épaisses dont ils en tapissent les parois; enfin ils tirent de ses racines du sel de cuisine. Comme le palmier-nipah ne croît que dans les eaux salées, ses racines finissent par être saturées de chlorure de sodium, et il suffit pour l'en extraire de les calciner et de laver les cendres.

La flore proprement dite n'est pas moins remarquable: les *Orchidées* aux formes bizarres et aux brillantes couleurs sont représentées à Bornéo par plusieurs variétés. Dans l'intérieur du pays croissent les *Bauhinias,* les *Hoyas* et les *Rhododendrons.* Mais la plante la plus curieuse, assurément, est le *Népenthe,* dont on connaît à Bornéo toute une série d'espèces.

Ses fleurs, qui mesurent souvent de 30 à 50 centimètres de hauteur, ont la forme d'une amphore ou d'un gobelet et sont remplies, jusqu'à la moitié, d'un liquide aromatique distillé par la plante elle-même et du goût le plus suave. Leurs vives couleurs répondent à l'élégance de leur forme; elles sont ordinairement d'un beau violet; le bord du calice est plissé et de couleur rouge ou rose; au-dessus de l'ouverture se trouve une sorte de couvercle vert. C'est surtout sur les pentes du Kina-balou que croissent les plus belles espèces.

Le règne animal offre plusieurs espèces de singes, notamment l'orang-outang, l'ours de Malaisie, la panthère, un sanglier particulier, le *babi-pouta*, qui se distingue par une barbe blanche; le bœuf sauvage, plusieurs espèces de cerfs, etc. Le tigre, qui est à Java un si légitime objet d'effroi, est inconnu à Bornéo; l'éléphant, qu'on y rencontre maintenant assez fréquemment, y a été introduit à une époque relativement récente. Parmi les oiseaux, il convient surtout de mentionner le faisan argus, dont le magnifique plumage rappelle celui du paon. Malheureusement les amphibies et les reptiles ne manquent pas non plus dans cette île privilégiée : le crocodile, malgré la chasse ardente dont il est l'objet, pullule dans la plupart des cours d'eau ; le *boa constrictor* y atteint une taille considérable, de 8 à 9 mètres, et plusieurs serpents venimeux se cachent dans les buissons ou au bord des rivières. Enfin, les insectes y vivent par myriades, et pour deux ou trois beaux papillons qu'on ne peut admirer que là, on est torturé par des milliers d'espèces de mouches ou de moustiques ; il est vrai que, d'après certains médecins, leurs piqûres sont un préservatif contre les fièvres, grâce à l'irritation toute superficielle qu'elles entretiennent à la peau.

Le règne minéral est représenté par les substances que l'homme tient pour les plus précieuses : l'or se trouve en filons dans les montagnes et en paillettes dans le sable des rivières ; les diamants de Bornéo ont une réputation universelle, et l'humble frère du diamant, le charbon de terre, existe dans l'île en couches épaisses et encore inexploitées.

On serait porté à croire que plus un pays, par la variété de ses produits et la douceur de son climat, dispense l'homme de se préoccuper sans trêve de sa nourriture quotidienne et lui permet de se procurer avec facilité tout ce qui est nécessaire à la vie, plus l'homme, de son côté, doit avoir souci du développement de ses facultés intellectuelles, ou, en d'autres termes, que la culture de l'esprit, la diffusion des sciences et la délicatesse des habitudes sont en raison directe de ce que la nature a fait spontanément pour les besoins du corps. C'est précisément le contraire qui ressort de l'expérience. Sans doute, les belles et tièdes contrées de l'Asie tropicale ont été jadis le berceau de la civilisation; mais il est bien certain que depuis des milliers d'années la civilisation a atteint son apogée dans les contrées tempérées, dans celles où le changement des saisons stimule l'intelligence, et où l'homme, précisément parce qu'il se trouve dans des conditions naturelles moins favorables, est obligé de se procurer, à force d'initiative et de persévérant labeur, les objets les plus indispensables à son existence.

A Bornéo, le contraste entre la nature et l'homme est extrêmement accentué : autant la nature est belle et féconde, autant l'homme, l'indigène, est encore grossier et inculte.

La population comprend quatre éléments différents : 1° une race indigène qui a de l'analogie avec la race malaise, sans néanmoins se confondre avec elle ; 2° des Malais, qui paraissent avoir joué, par rapport aux habitants primitifs, le rôle de conquérants et qui exercent encore sur eux une autorité qui, en beaucoup d'endroits, dégénère en oppression ; 3° une colonie chinoise, qui gagne d'année en année en nombre et en influence, et qui partout où elle est un peu agglomérée, fait sentir sa prépondérance aux Malais eux-mêmes ; enfin, 4° quelques centaines d'Européens, qui, malgré leur petit nombre, sont incontestablement les maîtres du pays et auxquels incombe la lourde tâche, la lourde responsabilité, d'employer leur supériorité matérielle et morale à améliorer le sort des indigènes ou, pour tout dire d'un seul mot, à faire d'eux des hommes civilisés.

Je n'ai pas le dessein d'examiner ici comment les Européens de Bornéo s'acquittent de ce devoir. Quant aux Malais et aux Chinois, qui y sont les uns et les autres des immigrés plus ou moins influents, mais restés fidèles aux usages et aux traditions de leur nation, ce n'est pas non plus à Bornéo qu'il me paraît curieux de les étudier. Je me propose de dire surtout quelques mots des indigènes, de la population primitive, qui forme encore la couche sociale la plus épaisse et qui a, d'ailleurs, des caractères propres. Ces indigènes sont connus sous le nom générique de *Dahahs* ou *Dayaks*, bien qu'entre eux ils se divisent en une série de peuplades différentes.

Les Dayaks sont plutôt petits que grands; leur taille ne dépasse guère 1^m,65. Ils sont en général bien bâtis, ou, pour mieux dire, on rencontre chez eux peu de difformités; ce qui tient sans doute surtout à ce que les enfants mal constitués meurent jeunes, faute des soins qui pourraient leur conserver la vie et du traitement intelligent qui pourrait corriger les imperfections de leur nature. Les femmes ont la taille bien prise, le visage plus fin et la peau moins foncée que les Javanaises ou les Malaises. Bien que les Dayaks n'aient pas une force musculaire exceptionnelle, ils font sans fatigue de longues courses à pied et résistent fort bien aux privations. Ils sont plus bruns que les Malais, mais ils ont, du reste, une complexion analogue : les pommettes saillantes, les yeux noirs ou brun foncé, les cheveux noirs et légèrement crépus et les dents d'une blancheur éblouissante, lorsqu'ils n'ont pas adopté l'absurde mode des Malais de se limer les incisives. Seulement ils ont le menton moins large et le nez moins camus. Les albinos ne sont pas rares parmi eux; ce qui peut s'expliquer par des alliances trop fréquentes entre proches parents : tout le monde sait que l'albinisme n'est qu'un signe de faiblesse de constitution.

Au point de vue de l'intelligence et de la rectitude du jugement, les Dayaks sont mieux doués qu'on ne le supposerait, à ne considérer que leurs mœurs encore barbares. Les missionnaires allemands, hollandais et améri-

cains se louent de la force de compréhension
de leurs jeunes élèves dayaks et de la facilité
avec laquelle ils leur enseignent la lecture en
caractères européens. Dans la vie commune,
dans leur commerce et la culture de leurs
champs, les Dayaks font souvent preuve de
discernement et pour peu qu'on ait su gagner
leur confiance, ils sont loin de fermer l'oreille
aux conseils qu'on leur donne: on les trouve, au
contraire, dociles et reconnaissants.

Chaque tribu de Dayaks parle actuellement
une langue différente; ce sont, sans doute,
autant de dialectes d'un idiome primitif; mais
il est assez difficile de retrouver cet idicme
au milieu des altérations que l'absence de
toute langue écrite y a successivement laissé
pénétrer et des emprunts constants qu'il a faits
au malais, langue des maîtres du pays, et aux
autres idiomes en usage dans les contrées voisines. Il est même des peuplades qui ont complétement substitué le malais à leur idiome
national. Ce qui est curieux, c'est que quelques-unes des tribus de la côte nord-ouest se
sont transmis de génération en génération des

chansons et des récits qui aujourd'hui n'y sont plus compris par personne et qu'on n'en continue pas moins à réciter et à écouter avec une sorte de respect comme un lointain souvenir de temps probablement plus heureux.

Depuis les siècles que les Dayaks se trouvent en contact avec les Malais, les Chinois et les Européens, ils sont naturellement arrivés à apprendre que tous ces peuples avaient une langue écrite, un moyen, dont ils se trouvaient eux-mêmes privés, de transmettre au loin leurs pensées. Voici par quelle légende ils ont coutume d'expliquer cette lacune : « Le Créateur, disent-ils, ayant promis de donner une langue à chacun des peuples de la terre, appela devant lui les anciens de chaque nation pour leur remettre la leur ; mais les hommes de Bornéo avalèrent les lettres que leur donna le Créateur ; ces lettres, en s'unissant à leurs corps, aiguisèrent si bien leur mémoire que les habitants de l'île n'ont pas besoin de livres pour garder le souvenir de leurs dieux, de leurs héros et de leurs lois. »

En effet, les diverses tribus des Dayaks ont

conservé sur leur passé une foule de traditions; seulement l'ordre des dates a été tellement brouillé, on y a greffé tant d'incidents
manifestement fabuleux qu'aujourd'hui ces
traditions ont perdu toute valeur historique et
peuvent tout au plus mettre sur la trace des
événements auxquels elles se rapportent. On
ne saurait dédaigner, parmi ces légendes,
celles qui ont trait à l'agrandissement pro-
gressif de l'île et qui concordent d'une façon
très-remarquable avec les constatations des
géologues : il n'est pas douteux que les vastes
plaines d'alluvion qui se sont formées, notamment sur les côtes méridionale et occidentale
de Bornéo, appartiennent à la période géologique la plus récente; il a dû se former, à
l'embouchure des grands fleuves, d'abord des
îlots de sable et de gravier, qui plus tard se
sont réunis au continent. Les Dayaks racontent
à ce sujet qu'il arriva une fois d'un pays lointain une grande pirogue chargée d'hommes; la
pirogue s'échoua non loin du mont Sunyang
et finit par être complétement ensablée. Les
hommes qui la montaient manquant de vivres,

illeur tomba du ciel un énorme grain de riz dont ils mangèrent la moitié et plantèrent l'autre. Sur les entrefaites, la terre qui s'était formée autour de la pirogue alla s'élargissant sans cesse, tandis que la population croissait et multipliait, mangeant chaque fois la moitié de la récolte et semant l'autre. Finalement les descendants des bateliers peuplèrent de proche en proche toutes les régions de Landak, de Sangau, de Sarawak et les parties plus reculées de l'île.

D'après une autre légende, quatre peuplades sauvages se partageaient le pays bien avant qu'il fût aussi grand qu'à présent; elles habitaient sur le penchant des montagnes et étaient constamment en guerre : de là dateraient les dissensions qui subsistent encore parmi les Dayaks.

La chronologie est dans l'enfance à Bornéo. Les Dayaks ne comptent pas par années, mais par récoltes et par périodes de trois ans au bout desquelles ils renouvellent leurs cultures. Ils déterminent l'époque des semailles d'après la position des étoiles. Ils n'ont pas d'expression pour indiquer l'heure. Quand on leur demande à quelle heure un événement doit se passer, ils vous montrent du doigt à quelle hauteur le soleil se trouvera à ce moment-là. S'agit-il de préciser la distance d'un lieu à un autre, ils vous indiquent de même où sera le soleil au moment de l'arrivée, en supposant qu'on parte au point du jour.

La médecine n'est guère plus avancée chez eux que la mesure du temps ou des distances. Comme la plupart des peuples barbares, ils attribuent les maladies à l'influence d'esprits malins, et leur remède habituel, au moins sur la côte occidentale, consiste à tâcher de chasser ces esprits en faisant le plus de bruit possible; ils se servent pour cela d'une espèce de tambour en bois recouvert d'une peau de singe.

S'il résulte de ce qui précède qu'à bien des égards les Dayaks sont encore excessivement arriérés, il faut cependant leur rendre la justice qu'ils sont beaucoup plus avancés dans l'exercice des divers métiers; ils y font généralement preuve d'adresse et d'habileté.

Les habitants des côtes construisent des pirogues aussi solides que rapides. Ils savent extraire le fer de son minerai et en confectionner des armes excellentes. Ils ne travaillent pas moins bien le cuivre, dont ils font des anneaux et toutes sortes de petits ornements. Enfin, ils savent natter le bambou et la paille, tisser le coton et teindre les étoffes.

Leur costume ne manque pas d'une élégance relative; tout au moins, chez les tribus de la côte, n'est-il pas aussi primitif que celui des autres peuples réputés sauvages.

La pièce principale consiste en un *tchavat,* morceau d'étoffe de 3 mètres de long et de 50 centimètres de large, qu'on noue autour du corps de manière à ce qu'un des bouts tombe par devant et l'autre par derrière, à peu près jusqu'au genou. Au tchavat s'ajoute, par les temps humides, une espèce de surtout en coton, sans manches, qui couvre tout le haut du corps. Ordinairement le Dayak enroule autour de sa tête un morceau de cotonnade ou d'écorce flexible et porte suspendu au côté gauche un petit sabre court, nommé *parang,* qui a, comme nos rasoirs, une lame large et un dos épais. La gaîne consiste en deux morceaux de bois reliés par du rotang ou par des anneaux de cuivre; la poignée est également en bois et ornée de cheveux. Quand il sort de chez lui, le Dayak s'arme, en outre, d'une petite lance, qui lui sert à la fois de canne et, comme la hampe en est creuse, de sarbacane pour lancer les flèches empoisonnées dont son carquois est toujours garni. Il va sans dire que, quand il se met en campagne, il se munit encore d'autres armes défensives et offensives; son équipement comprend toujours un sac à provisions pour son riz, son tabac, son *siri*, etc.

Comme tous les autres peuples à demi sauvages, le Dayak aime les ornements voyants; il déforme ses oreilles par de gros et disgracieux bijoux; il passe autour de ses bras et de ses jambes des anneaux de cuivre, met volontiers des colliers de corail ou de dents d'animaux et se décore la tête de plumes de faisan ou d'autres oiseaux. Ce dernier ornement n'est pas toujours arbitraire; ainsi, celui-là seul peut se parer de plumes de calao qui a coupé la tête à un homme, et ce, à raison d'une plume par tête.

La toilette des femmes est assez parcimonieuse; elles portent toutes un jupon court, nommé *kaïn* ou *ridang* et, dès qu'elles sont en âge de se marier, c'est-à-dire à 10 ou 12 ans, une ceinture d'anneaux de laiton (*sabit* ou *raway*), dont la largeur varie de 2 à 8 pouces, suivant que la propriétaire est plus ou moins riche. Mais la plupart d'entre elles se contentent de ce costume exigu et ne revêtent que dans les cas exceptionnels une petite veste brodée. Il est à remarquer que, bien qu'habitant le pays de l'or et du diamant, jamais les Dayaks ne font entrer ces deux précieuses substances dans leur ajustement; les bijoux dont ils s'affublent sont généralement en verroterie, en métal grossier ou encore en bambou noirci et poli.

Leurs maisons ont cela de particulier qu'elles ne sont pas réservées à une unique famille, mais constituent de véritables casernes où s'abritent, dans des logements séparés, une trentaine de familles qui ont l'air, au premier abord, de n'en former qu'une seule: ce sont de vrais villages sous un même toit.

Elles sont construites, comme chez les Malais, sur des pilotis de 3 à 4 mètres de haut, et le rez-de-chaussée est occupé par des animaux domestiques, spécialement par des porcs, des chiens et des poules ; on peut s'imaginer quelles odeurs pénètrent de là dans les étages supérieurs au travers de parois à peine jointes. La largeur habituelle des maisons est de 6 à 8 mètres ; quant à la longueur, elle se proportionne au nombre des familles qui les habitent ; il y a des maisons qui ont jusqu'à 200 mètres de long. Chaque famille dispose d'une ou de deux chambres, et au devant, d'un compartiment couvert pour son foyer ; tout le long du bâtiment règne une galerie qui met tous les logements en communication les uns avec les autres. Il arrive même qu'en cas de fêtes on enlève les légères parois d'écorce qui délimitent chaque appartement, et qu'alors tout le village se trouve n'avoir plus pour habitation qu'une vaste salle commune.

Ces arrangements prouvent déjà que le Dayak ne prend aucune précaution pour mettre son bien à l'abri des convoitises du voisin ; en effet, l'une des qualités saillantes de ce peuple si peu développé à d'autres égards, c'est qu'il a le vol en horreur. On peut confier en toute sécurité son bien à un Dayak; il ne se décidera pas facilement à y porter la main; on ne pourrait pas en dire autant des Malais, ses oppresseurs.

Aux deux bouts de la galerie se trouve un grossier escalier consistant en un tronc d'arbre muni de fortes entailles. C'est sur cette galerie que tous les logements ont leur unique ouverture servant à la fois de porte et de fenêtre; la nuit, on barricade cette ouverture avec des pièces de bois, et deux des jeunes hommes non mariés montent la garde à tour de rôle dans l'intérêt commun de la colonie.

Si les logements des Dayaks font, par leur propreté et leur bonne tenue, une impression agréable sur l'étranger qui les visite, ce sentiment fait place à une vive répulsion, pour peu qu'il se retourne et parcoure la rangée des foyers placés devant chaque habitation; c'est là, en effet, que le Dayak suspend dans la fumée, jusqu'à parfaite dessiccation, toutes les têtes humaines qu'il a abattues. Ces hideux trophées ont à ses yeux une valeur extraordinaire et il ne s'en dessaisit qu'à la dernière extrémité.

L'ameublement des maisons est fort simple; comme à Sumatra, on ne connaît à Bornéo ni les lits ni les chaises; on se couche sur des nattes qui, de jour, sont roulées dans un coin de la chambre; de gros blocs de bois servent alternativement d'oreillers et de siéges. Les murs sont garnis de toutes les armes et des objets de toilette qui ont été décrits précédemment; on y remarque aussi divers instruments de musique, notamment des gongs de cuivre et, dans les coins, des paniers de riz et d'autres provisions. Les Dayaks riches possèdent parfois des *tampayans;* on désigne sous ce nom des vases en terre ornés de figures en relief et qui ont à leurs yeux une très-grande valeur, non-seulement à titre d'antiquités — tous ces vases ont plusieurs siècles d'âge et proviennent sans doute de colons hindous — mais encore, et surtout, à raison des mythes qu'ils y rattachent et des vertus qu'ils leur attribuent;

ce sont pour eux de véritables talismans qui se payent jusqu'à 6 ou 8,000 francs. Lorsque les Chinois eurent remarqué le prix que ces vases ont pour les Dayaks, ils s'avisèrent de les contrefaire; mais l'œil exercé des indigènes ne s'y trompe pas et les faux tampayans ne se vendent qu'à vil prix.

On ne se sert à Bornéo d'aucun ustensile spécial pour les repas; les fourchettes et les cuillers y sont inconnues, et l'on pose les aliments sur des feuilles de pisang ou de *Dalenia speciosa*. Le riz et les légumes se cuisent dans des casseroles de bambou; le poisson seul dans des vases de fer.

La vie du Dayak est fort simple: il ne connaît pas la division du travail; il ne se *spécialise* pas. Chaque père de famille cultive son champ lui-même et, de plus, il est, selon le besoin, son propre forgeron, charpentier ou architecte.

Le Dayak se lève au point du jour et va prendre un bain de rivière, tandis que les femmes puisent l'eau nécessaire pour la journée. Après le bain, on déjeune avec du riz.

Tous les habitants de la maison, hormis les vieillards et les enfants, se rendent aux champs ou vont dans la forêt chercher du bois, des racines ou du gibier. Au milieu du jour on prend un second repas, auquel succède une heure de repos. L'après-midi, les uns retournent aux champs, tandis que les autres confectionnent à la maison leurs barques, leurs armes ou leurs nattes, et que les femmes pilent le riz ou le sagou, tissent des étoffes et font les vêtements de toute la famille.

La soirée est le moment où les grandes maisons indigènes sont le plus animées ; on se groupe autour du foyer, à la clarté de torches en résine de dammar, et l'on reste souvent très-tard à causer et à rire.

Bien que la polygamie ne soit pas interdite, le Dayak n'a généralement qu'une seule femme. L'effet de ce salutaire usage est de rendre la vie de famille beaucoup plus paisible: les femmes sont mieux traitées et les divorces plus rares que, par exemple, chez les Malais. Il y a, surtout dans le sud, des tribus où les femmes sont même l'objet d'une sorte de respect et où l'on ne manque jamais de les consulter dans les circonstances graves.

La naissance d'un enfant n'est pas l'occasion de réjouissances extraordinaires ; mais le père donne une attention particulière à ses rêves et en tire des pronostics sur le bonheur ou le malheur que lui causera l'enfant. On a vu des pères tuer leurs enfants nouveau-nés, parce qu'ils avaient rêvé qu'un jour ces enfants leur porteraient malheur.

Les mariages ne sont pas non plus accompagnés de cérémonies bien compliquées. On prétend qu'autrefois un jeune homme ne pouvait aspirer à la main d'une jeune fille qu'après avoir abattu une ou plusieurs têtes ; cet usage barbare a aujourd'hui totalement disparu, du moins sur la côte occidentale. Souvent les fiançailles se font dès l'enfance, lorsque les parents sont tombés d'accord sur l'union projetée. Dans les autres cas, le jeune homme qui veut se marier se rend chez le chef du hameau et le prie de faire sa demande aux parents de la jeune fille. Le chef règle avec les deux familles la somme due au père de la future. Cette somme varie suivant le rang et la fortune des parties; chez les Dayaks riches, on donne le plus souvent un ou plusieurs tampayans. Au jour du mariage, les futurs époux s'asseyent sur deux gongs, les yeux tournés vers le soleil levant; leurs parents les aspergent du sang d'une poule; ils mâchent ensemble du siri; puis les parents notifient à haute voix à l'assistance que l'union est consommée. Ce n'est qu'après qu'on se met à table: selon le degré d'aisance des familles, on y reste plus ou moins longtemps.

Quelques tribus du centre de l'île ont conservé l'habitude de brûler leurs morts et de conserver dans des urnes les cendres et les ossements: c'est probablement un vestige de l'influence hindoue. D'autres dessèchent les cadavres sur un foyer, et, quand ils les ont réduits à l'état de momies, les enterrent. Sur la côte occidentale, on les met tout simplement dans un cercueil d'écorce d'arbre et on les enterre à 4 ou 5 pieds de profondeur; quand la fosse a été refermée, on tue une poule et l'on en jette les membres aux quatre

III, p. 275.

DAYAKS MONTANT LA GARDE SUR L'ENCEINTE FORTIFIÉE DE LEUR VILLAGE.

points cardinaux, en prononçant contre les mauvais génies une formule de conjuration; puis on dépose sur la tombe un bambou ou un pot de terre, ou, chez les riches, un tampayan de prix, et l'on offre aux personnes qui ont assisté à la cérémonie un repas de viande de porc.

Il a été fait une ou deux fois allusion, dans le cours de ce récit, à l'abominable coutume qu'ont les Dayaks de rassembler des têtes d'ennemis et de les conserver dans leurs demeures comme des trophées. Cette coutume sauvage entretient à elle seule des luttes séculaires entre les tribus et donne même lieu à des assassinats isolés, pour peu qu'un Dayak ait une injure à venger ou tout simplement qu'il veuille se faire un renom de bravoure. Habituellement doux et bienveillant, il ne sait pas résister à cette funeste passion quand elle s'empare de lui, et il y sacrifie sans scrupule même des femmes ou de pauvres enfants innocents. L'usage de couper et de conserver les têtes de ses ennemis n'est, d'ailleurs, pas particulier aux habitants de Bornéo ; on le retrouve, à des degrés

divers, dans tout l'archipel Indien, et l'historien
Hérodote raconte que, déjà de son temps, les
Tauriens, les habitants de la Crimée actuelle,
décapitaient les ennemis qui tombaient en leur
pouvoir et plaçaient leurs têtes sur de hauts
piquets au-dessus du foyer de leurs maisons,
afin de se mettre à l'abri d'incursions hostiles.
Il est probable qu'à l'origine on ne considérait
les têtes coupées que comme un signe de vic-
toire, tandis qu'aujourd'hui, malheureusement,
on ne se bat plus guère que pour se procurer
ces sanglants trophées.

Sans doute, la possession d'un de ces trophées n'est plus aujourd'hui une condition
essentielle pour trouver une femme ; mais un
« héros » qui est à même d'en justifier jouit
d'un tout autre prestige que l'honnête cam-
pagnard qui n'a jamais souillé ses mains du
sang de son prochain. Ce qui a propagé et ce
qui entretient cet usage, à part les traditions
nationales et le respect d'une pratique con-
sacrée par les ancêtres, c'est l'absurde croyance
que, dans une autre vie, les âmes de ceux qui
auront été tués feront cortége au meurtrier

et chercheront à embellir son existence. Aussi est-il de règle qu'à la mort d'un chef on immole sur sa tombe un certain nombre d'individus, afin qu'il ait des serviteurs dans l'autre monde ; on voit que c'est une idée analogue à celle qui pousse les veuves et les esclaves des Hindous à se brûler sur le bûcher de leur seigneur et maître décédé.

Les Dayaks considèrent aussi la conquête de têtes d'ennemis comme un jugement de Dieu pour vider leurs querelles, soit d'homme à homme, soit de tribu à tribu. Lorsque deux hommes, par exemple, se disputent un champ ou une fille ou n'importe quel autre objet, et qu'ils ne sont pas parvenus à se mettre d'accord autrement, ils se provoquent à qui des deux rapportera le plus de têtes ; chacun s'en va de son côté, et alors malheur à l'homme, à la femme ou à l'enfant qui tombent entre leurs mains ! Celui qui revient avec le plus grand nombre de têtes est proclamé vainqueur.

En général pourtant, le Dayak ne s'attaque qu'aux gens de tribus ennemies ; mais le mot d'ennemi a pour lui un sens extrêmement

large ; car les plus anciennes causes de conflit
ou d'inimitié subsistent encore et indéfiniment ;
on ne fait jamais de traité de paix, et comme
à chaque lutte l'une des deux parties rapporte
moins de têtes que l'adversaire, elle regarde
comme un devoir de chercher à prendre sa
revanche. Ainsi, le chef de la tribu de Djam-
bou, se rappelant un jour que son arrière-grand-
père avait été assassiné par un chef de celle
des Cayans, sans que, depuis, sa mort eût été
vengée, se mit en route sans désemparer pour
l'endroit où résidait la tribu des Cayans. Quelques jours après, il revenait portant la tête
d'une petite fille de 4 ans qu'il avait surprise
jouant devant la maison du chef et qu'il avait
tuée au prix des plus grands dangers, pour
ainsi dire sous les yeux de toute la colonie.

Le plus souvent plusieurs Dayaks s'associent
pour ces belles expéditions. Ils commencent
par consulter toutes sortes de pronostics et d'o-
racles ; les présages sont-ils favorables, ils
partent, mais en s'entourant des plus grandes
précautions pour n'être pas dépistés et ne
pas s'exposer à des représailles. Aussi choi-

sissent-ils de préférence leurs victimes dans des tribus éloignées; ils entreprennent quelquefois pour cela des voyages de quinze à vingt jours. Il faut qu'ils se sentent en force pour envahir un hameau; les victimes auxquelles ils s'attaquent le plus volontiers sont quelque ouvrier isolé travaillant aux champs, un voyageur inoffensif, ou encore un pêcheur occupé solitairement au bord d'un ruisseau. Ils ne reculent devant aucune ruse, si infâme qu'elle soit, pour arriver à leurs fins. Ils ne se feraient, par exemple, aucun scrupule d'abuser de l'hospitalité qu'ils auraient obtenue dans une maison pour assassiner leurs hôtes pendant la nuit.

Cet état de luttes intestines, ces vendettas séculaires, sont la cause directe de l'asservissement dans lequel ont fini par tomber les Dayaks de Bornéo. Les Malais l'ont habilement entretenu et s'en sont servis pour consolider leur domination en vertu du vieil adage : *Divide ut imperes.*

# III.

## Amboine, l'île des Épices.

Le neuvième jour après notre départ de Batavia, les montagnes de l'île d'Amboine apparurent à l'horizon, du côté de l'Orient, et prirent, pendant la journée, des contours de plus en plus distincts. Vers le soir la mer perdit soudain sa transparence et devint laiteuse; il paraît que ce phénomène n'est pas rare dans ces parages; il est dû à la présence d'innombrables infusoires, visibles à la loupe, filiformes et longs de 2 ou 3 millimètres. Lorsque nous approchâmes de la baie d'Amboine, qui sépare la partie méridionale de l'île de la partie septentrionale et donne à cette terre la forme d'un fer à cheval, la mer reprit sa belle couleur bleue et la conserva malgré la proximité des côtes, ce qu'explique, au surplus, la configuration de l'île : les flancs en sont tellement abrupts que l'eau reste très-profonde jusque dans leur voisinage immédiat.

L'aspect de la baie d'Amboine ne manque pas de grandeur. La végétation est luxuriante et le fond du tableau consiste en de belles montagnes granitiques aux fines dentelures. La ville, qui s'étage gracieusement au bord de la mer, brillait déjà de mille feux quand, le soleil couché, nous jetâmes l'ancre près du fort Victoria. Cependant nous remîmes notre débarquement au lendemain matin.

Quand le jour eut paru, je me rendis à terre avec deux des officiers du bord. On arrive au fort Victoria par une longue jetée, construite en 1580 par les Portugais; toutefois ce ne sont pas eux qui, en définitive, conservèrent Amboine. Dès 1605 une flotte commandée par l'amiral Steven van der Hagen y planta le pavillon néerlandais et donna au fort, en souvenir de son rapide succès, le nom qu'il porte encore aujourd'hui. Le fort Victoria consiste en un hexagone irrégulier assez massif, mais d'une médiocre valeur au point de vue militaire ; les murs et les remparts offrent en plusieurs endroits de profondes lézardes produites par les tremblements de terre, notamment par celui de 1835, qui a causé dans la ville de grands dégâts.

Après avoir franchi la porte sud du fort, nous nous trouvâmes sur une place ombragée de cocotiers et de muscadiers, à partir de laquelle la ville s'étend à droite et à gauche.

Le muscadier (*Myristica moschata*) est un bel arbre au feuillage foncé, dont la forme rappelle celle du poirier. Son fruit, doré comme une orange, se fend à maturité, et laisse apercevoir à l'intérieur la noix muscade enveloppée dans une sorte de réseau rouge, qui est le *macis* des pharmaciens ; on mange aussi l'écorce du fruit, bouillie dans du sucre. La culture du muscadier est très-développée à Amboine et surtout dans les îles de la Bande. En 1864, bien que la tem-

pérature fût peu favorable, on y récolta passé
800,000 livres de muscade, et 185,000 de
macis, valant ensemble 250,000 francs. On
comptait à la même époque près de 270,000
muscadiers portant du fruit et une centaine
de mille rejetons. La culture de la muscade
occupait deux mille individus. L'année 1864
fut marquée par l'importante résolution prise
par le gouvernement hollandais de renoncer
au monopole qu'il avait sur ce produit dans
les îles de la Bande et de laisser désormais
les habitants libres de cultiver les épices à
leur convenance, tout en les dégageant de
l'obligation de livrer leurs récoltes aux magasins du gouvernement, mais en leur re-
tirant d'autre part le bénéfice des avances
de fonds et les autres avantages dont ils
jouissaient en compensation. Il est à remarquer que les principaux planteurs, bien loin
de se féliciter de voir ainsi lever les en-
traves mises à leur industrie, supplièrent
au contraire le gouvernement de vouloir bien
consentir à accepter, au moins jusqu'en 1868,
la moitié de leurs produits aux conditions

antérieures, ce qui leur fut gracieusement octroyé !

La ville, qui mesure environ une lieue et demie de tour, compte 13,000 habitants de différentes races; on y rencontre naturellement, comme dans tout l'archipel des Moluques, beaucoup de Chinois, sobres, laborieux et entreprenants, faisant le commerce et s'y entendant à merveille. Parmi les édifices publics on remarque deux églises protestantes, l'une pour les indigènes, l'autre pour les Européens. L'œuvre des missions a jeté dans les Moluques de si profondes racines que le plus grand nombre des chrétiens sont des indigènes. En 1864 on comptait, en chiffres ronds, 117,000 chrétiens indigènes dans les Indes néerlandaises : 3,000 à Java, 34,000 aux Moluques, 62,000 dans les Célèbes du nord, et 18,000 à Timor. Malgré leur conversion au christianisme, il est positif que les habitants des Moluques sont moins laborieux, moins moraux et moins aisés que ceux de Java. Aussi les chrétiens hollandais ne poussent-ils même pas la fraternité jusqu'à fréquenter la même église que les chrétiens indigènes.

A l'ouest du fort, on arrive par plusieurs rues au marché aux fruits et aux légumes, qui, pour un étranger, est surtout curieux le matin, à l'heure où les acheteuses de toutes les nationalités et de toutes les couleurs s'y donnent rendez-vous pour leurs emplettes. On remarque encore à Amboine un monument élevé en l'honneur du naturaliste Rumphius († 13 juin 1702), puis un hôpital très-bien organisé, dans lequel se font des observations météorologiques régulières. La température moyenne de la ville, au niveau de la mer, est de 27°,25, c'est-à-dire, à très-peu de chose près, la même qu'à Batavia. Néanmoins l'état sanitaire, qui tient moins à la température qu'à la pureté de l'air, est généralement meilleur à Amboine, qui doit au voisinage des montagnes et à l'absence de terrains bas et marécageux d'avoir de belles eaux courantes, rafraîchissant l'atmosphère sans dégager de miasmes. Il faut d'ailleurs tenir compte de la proximité de la mer, dont

les brises exercent une action particulièrement bienfaisante sur les îles situées à une
grande distance des continents.

Ce n'est pas que la juste réputation de
salubrité d'Amboine n'ait jamais subi aucune
atteinte. Dans les dernières années on y a remarqué des maladies graves dont les médecins du pays n'ont pas découvert ou du moins
n'ont pas révélé les causes et auxquelles l'influence des tremblements de terre n'est certainement pas étrangère. Ainsi, en 1843, il y
eut plusieurs secousses, que suivit une fièvre
intermittente assez pernicieuse; au bout d'un
an la maladie disparut; mais, en 1845, le
phénomène s'étant reproduit avec une inten-
sité exceptionnelle, on signala aussitôt après
de nouveaux cas de la même fièvre. Cette fois
le fléau fut de courte durée et la santé publique resta excellente jusqu'au mois de mars
1850, où un violent tremblement de terre
ramena itérativement les fièvres. D'après ces
faits, il n'est guère possible de nier la corrélation qui existe entre les deux phénomènes;
mais comment les tremblements de terre pro-

duisent-ils la fièvre? C'est ce dont il est bien difficile de se rendre compte, alors qu'avant et après on constate même température, même pesanteur de l'air, même degré d'humidité, même vent et même état électrique, tout au moins dans les couches inférieures de l'atmosphère. Je ne puis trouver d'autre explication que celle-ci: c'est que les tremblements de terre, en bouleversant le sol, mettent à nu des surfaces de terrain généralement couvertes de végétaux, et que les gaz délétères qui se dégagent du sol, au lieu d'être absorbés par les plantes, se répandent dans l'air et le vicient, jusqu'à ce qu'une nouvelle végétation ait eu le temps de reprendre la place de l'ancienne et de faire l'office de purificateur. Nous voyons de même dans nos pays la fièvre intermittente faire son apparition à la suite d'incendies de forêts ou par l'effet de l'exploitation de tourbières, dans des localités où auparavant elle était inconnue.

Tout à l'entour de la ville sont disséminées de belles maisons de campagne auxquelles conduisent des chemins ombreux et d'où l'on jouit d'une vue admirable sur l'île et sur la mer. Un peu plus au sud, on arrive à des montagnes calcaires qui renferment des grottes profondes ornées de stalactites et peuplées de chauves-souris et de serpents. Quand on en fait l'ascension, on embrasse d'un regard la verte Amboine et l'Océan azuré qui l'entoure de toutes parts. Nous y avons constaté de nouveau un effet d'optique dont j'avais déjà été frappé, dans des conditions analogues, à Sainte-Hélène et sur les côtes du Venezuela. La mer, au lieu de paraître plane, semblait se relever sur les bords, ce qui explique peut-être pourquoi les anciens, à qui les voyages lointains étaient inconnus, se représentaient la terre sous la forme d'une assiette. Tout le monde sait aujourd'hui que ce phénomène, fréquent dans les pays chauds, tient uniquement au mode de réfraction de la lumière dans les différentes couches d'air, suivant qu'elles sont rapprochées ou éloignées de l'observateur. Une cause analogue produit un effet plus bizarre encore et que tous les marins connaissent : il arrive souvent que le soleil, après s'être englouti dans les flots, reparaît soudain à plusieurs degrés au-dessus de l'horizon, et donne une seconde fois le spectacle de son coucher : c'est un véritable effet de mirage.

Il n'y a pas à Amboine de cônes volcaniques proprement dits, bien que l'île se trouve tout près d'un groupe de volcans et ressente les tremblements de terre qu'ils provoquent. Toutefois Valentyn rapporte qu'en l'année 1674 le mont Ateti ou Wawari se fendit et vomit de grandes quantités de boue chaude qui s'écoulèrent dans la mer.

Le règne végétal est ici d'une richesse extraordinaire. On y cultive toutes les mêmes plantes qu'à Java, et en outre plusieurs espèces particulières aux Moluques. Le sommet des montagnes est généralement boisé de lauriers et de figuiers; on y rencontre aussi la guimauve et le cajeput (*melaleuca Leucodendron*), dont on extrait une huile antispasmodique; l'arbre se nomme dans la langue du pays *kajou pouti*, c'est-à-dire bois blanc.

Enfin, les bois d'ébénisterie et les arbres à fruits savoureux, le mangoustan, le jambosier, le durion, le carambolier (*Garcinia Mangostan, Jambusa vulgaris, Durio zibethinus, Averrhœa Bilimbi*), n'y sont pas rares non plus.

L'un des arbres les plus précieux pour l'île d'Amboine est le giroflier (*Caryophyllus aromaticus*), dont elle a eu jusqu'en 1824 le monopole à peu près exclusif dans ces parages, mais qui depuis a obtenu droit de cité dans tout l'archipel. Le giroflier est un bel arbre au tronc droit dont la couronne se termine en pointe ; ses feuilles ovales, ses jeunes branches et jusqu'à l'écorce ont le goût et le parfum caractéristiques qui font tant rechercher, sous le nom de *clou de girofle,* le calice des fleurs. Un bois de girofliers embaume littéralement l'atmosphère. Au mois d'août ou de septembre le calice des fleurs est vert, plus tard il devient rouge et les pétales tombent: c'est le signe que le temps de la récolte est venu, et toute la population se met à l'œuvre; si on le laissait passer, les fruits commenceraient à se former, ce qui peut être parfois utile au point de vue de la reproduction des arbres; mais le fruit contient beaucoup moins d'essence que la fleur. Il est d'usage de ne pas laisser croître les arbres trop haut et d'abattre les branches supérieures, afin de rendre la cueillette moins pénible. La température influe beaucoup sur l'abondance de la récolte : on l'a vue varier d'une année à l'autre de 450,000 livres à 82,000; en moyenne un arbre fournit 2 ou 3 livres de clous; pourtant on en cite qui en ont produit jusqu'à 140. Après la cueillette on sèche les clous en plein air ou dans des hangars; puis on les livre aux magasins du gouvernement, moyennant un prix qui est fixé chaque année en raison de l'abondance de la récolte, de manière à indemniser, autant que possible, le planteur dans les mauvaises années. Il n'est pas rare, dans ce dernier cas, que le gouvernement se constitue en perte. En 1864, on comptait à Amboine 412,000 girofliers, dont 263,000 jeunes et 149,000 en état de porter du fruit.

Le sagoutier (*Metroxylon Sago*, L.) est, s'il est possible, plus important encore pour les indigènes que le giroflier: il joue dans leur alimentation le même rôle que le riz à Java et dans les autres îles de l'archipel. Tout'jeune, le sagoutier consiste en plusieurs branches qui sortent de terre toutes droites et atteignent une hauteur de 3 à 4 mètres; ces branches, creuses et épineuses dans le bas, s'emboîtent vers l'âge de 3 ans, les unes dans les autres, de manière à former un tronc. Quand l'arbre a 15 ans, son tronc commence à sécréter une substance farineuse, qui n'est autre que le sagou: on reconnaît à ce signe que l'arbre est mûr pour la récolte de cette utile substance. Après s'en être encore bien assuré en perçant un petit trou jusqu'à la moelle de la plante, on abat l'arbre, on le scie en plusieurs pièces dans le sens de la longueur, et l'on en retire la moelle avec une cuiller de fer. Puis on fait arriver la farine dans des cuves dont le fond est un tamis, et l'on jette de l'eau par-dessus jusqu'à ce que toutes les parties fines aient été entraînées, au travers du tamis, dans des vases où on les recueille. Il ne reste plus qu'à sécher le sagou pour achever l'opération.

Les habitants d'Amboine consomment le sagou en bouillie ou en font du pain, qu'ils mangent avec des bananes, des amandes ou du poisson. Un sagoutier fournit de 4 à 600 livres de sagou et peut nourrir une famille pendant plusieurs mois. L'extrême facilité avec laquelle les indigènes pourvoient à leur nourriture les rend si paresseux qu'ils auraient certainement délaissé depuis longtemps leurs autres cultures, notamment celle du giroflier, si elles n'étaient pas prescrites par le gouvernement.

Le sagoutier n'est pas seulement utile par sa moelle : son bois sert à faire des meubles; ses grandes feuilles forment d'excellentes toitures, sur lesquelles la pluie s'écoule à merveille, et l'on mange en légume le cœur de son feuillage.

Enfin, pour compléter la série des arbres remarquables cultivés à Amboine, je ne dois pas oublier le cacaotier, qui y a été importé récemment, qui réussit parfaitement dans les vallées, surtout à Hatou, et dont on compte déjà 300,000 exemplaires dans l'île.

Les habitants d'Amboine n'ont pas, comme les Javanais, la coutume d'entourer leurs villages d'une ceinture d'arbres fruitiers; on laisse ces arbres croître un peu au hasard. Leurs maisonnettes sont construites en planches, en bambou et en pandanus. Ce qui, le soir, frappe le plus un étranger qui y pénètre pour la première fois, c'est le petit cri perçant d'une espèce de lézard, appelé *gekko*, qui niche en bandes assez nombreuses dans les interstices de la toiture et que les indigènes y supportent volontiers, parce que ce petit animal est un grand destructeur d'insectes. On l'entend, de 5 en 5 secondes environ, jusque vers 10 heures du soir. En fait d'animaux domestiques, on ne rencontre guère dans les villages que des chèvres, des moutons, des chiens et des chats; les bœufs et les chevaux y sont rares.

La population est généralement bien bâtie et présente les caractères physiologiques habituels de la race malaise, si ce n'est peut-être qu'elle a les pommettes moins saillantes. Ses croyances religieuses, son développement moral et sa culture intellectuelle portent incontestablement l'empreinte du brahmanisme; toutefois on peut dire qu'elle n'a plus gardé de cette religion que quelques pratiques superstitieuses. Bien que nominalement elle ait aujourd'hui embrassé le christianisme, elle n'a pas renoncé à son culte des ancêtres et croit à une sorte de métempsycose, c'est-à-dire au passage de l'âme humaine dans le corps d'un crocodile, d'un serpent, d'un bœuf ou de quelque autre bête. Elle considère comme des présages heureux ou malheureux les événements parfois les plus insignifiants et les plus inévitables et croit se mettre à l'abri de l'influence des esprits malins en répandant de l'ail dans les habitations. On rencontre à Amboine une foule de sorciers et de gens qui prédisent l'avenir, et le peuple recourt constamment à eux.

Lorsqu'une jeune fille est en âge de se marier, ses parents la tiennent renfermée chez eux : les jeunes gens parviennent rarement à l'entrevoir. Il est de règle que le mari achète sa femme à prix débattu ; aussi la possession de plusieurs filles passe-t-elle pour une richesse. La femme étant en réalité à Amboine l'esclave de son époux, on n'y connaît ni le bonheur domestique ni l'intimité que l'on trouve chez plusieurs autres peuples indiens comme dans la société chrétienne.

Dans les repas de cérémonie, on sert du poisson cuit, du pain de sagou, divers légumes et de la viande de porc, spécialement d'une espèce de porc particulière aux Célèbes et aux Moluques (*Porcus babirossa*), et qui se distingue par la longueur et la forme recourbée de ses défenses. On place devant chaque invité un grand vase rempli d'aliments, et quand il s'est rassasié, l'usage lui permet de faire emporter le reste chez lui.

Il est rare qu'une fête se passe sans danses ; mais les habitants d'Amboine sont loin de posséder pour ce genre d'exercice la grâce des Javanais. Avant le bal, on voit toujours s'avancer au milieu du cercle un jeune homme,

orné de plumes et de fleurs, qui brandit
dans tous les sens un sabre nu, comme pour
chasser les mauvais esprits; puis les gongs,
les tambourins (*tifa*) et un instrument à
cordes nommé *gindier* commencent à se faire
entendre, et les hommes d'un côté, les femmes
de l'autre, se mettent à exécuter leurs sauts
et leurs mouvements plus ou moins caden-
cés, tout en chantant des mélodies en l'honneur de leurs ancêtres.

Les Amboinais sont des marins hors ligne,
qui manœuvrent avec une adresse surprenante leurs petites embarcations et connaissent à une grande distance à la ronde toutes
les mers et les îles de leur archipel. Il leur
est arrivé, à différentes reprises, de s'adonner
à la piraterie et de s'attaquer non-seulement
à des navires de commerce, mais même à
des navires de guerre, témérité qui, du reste,
leur a généralement coûté cher. Les Hollandais cherchèrent de bonne heure à tirer parti
des remarquables aptitudes de ces insulaires
pour la marine et les forcèrent de se prêter
chaque année à une lointaine expédition au

profit du gouvernement. Plus tard ces campagnes perdirent de leur utilité première, et comme elles constituaient pour la population une sujétion fort lourde, le gouverneur général van der Capellen se décida à en abolir l'usage, en 1824.

# TABLE DES MATIÈRES.

9 782013 359764